用冷凍塔皮輕鬆做出45款甜鹹塔

西山朗子／著　古曉雯／譯

前言

　　我曾聽以前住在巴黎的朋友說：「法國到處都有販售塔皮的店，日本卻只有賣派皮，如果有賣塔皮的話，馬上就可以烤個塔類點心來吃，不是嗎？」

　　在日本，確實常見到市售冷凍派皮，卻鮮少有人販售冷凍塔皮。是因為塔皮比派皮容易製作，所以才沒有冷凍產品嗎？不過，正如朋友所言，如果有的話，不管是誰，都能在想吃的時候立刻烤來吃，非常方便。

　　源自法國的塔，是用塔皮當底，抹上奶油餡，再加上配料，烤一烤就完成的一種點心。從頭到尾一次做完很花時間，但只要有現成塔皮，接下來僅需烘烤即可。如果家裡的冷凍庫裡有塔皮可用，那可就輕鬆多了。

　　加入大量蜜漬蘋果，上面再放蘋果切片的蘋果塔。
　　盛著酸甜濃稠的奶油餡，令人心情為之雀躍的檸檬塔。
　　堆滿杏桃或洋李等水果，再烘烤而成的水果塔。
　　只要想做，不管是哪一種塔，都能立刻動手製作。

　　在起源地法國，根據作法和原料不同，有「甜塔皮」、「甜酥塔皮」、「油酥塔皮」三種塔皮。

　　這些塔皮有的酥脆，有的酥鬆，有的則像派皮般硬脆，吃起來的口感各有些許差異。

　　本書將介紹這三種不同口感塔皮的製作方法。在編排上，也先教大家如何成功製作塔皮，之後，可再根據當天的預定和心情，決定是要繼續烘烤出成品，還是先將塔皮冷凍保存。每種塔皮所搭配的奶油餡或配料，則是以「什麼材料最適合該塔皮」來決定。

　　不管哪一種塔皮都很好吃，煩惱要使用什麼餡料也充滿樂趣。請各位多方嘗試，做出自己最滿意的塔吧！

　　就是這麼簡單！只要從冷凍庫中拿出塔皮、填滿餡料，之後再放進烤箱烘烤就可以了。若各位能伴著熱騰騰出爐的塔，度過笑逐顏開的美味時光，那將是我最開心的事了。

西山朗子

Table des Matières

<本書的量測標準>

・1小匙＝5㎖，1大匙＝15㎖。

・微波爐使用的是600W的機種。

・烤箱依據機種不同，烘烤情形也會有
所差異，請視實際狀況做調整。

・附在塔上的裝飾用食材，不包含在
食譜中。

Chapitre 1
酥脆口感的塔

基本的酥脆塔皮

用酥脆塔皮烘烤

本書特色
Caractéristiques

有了冷凍塔皮
一切變得簡單又美味

一般來說，塔皮的麵團在入模塑形前，必須先放
入冰箱鬆弛兩次。本書則建議最後直接將放在塔
模中的塔皮冷凍起來，作為第二次鬆弛。之後想
烤點心的時候再從冰箱拿出來，抹上喜歡的奶油
餡和配料，就能立刻進行烘烤。可以趁空閒時製
作塔皮，只要備有2～3個塔模就能一次製作，非
常方便。

活用基本塔皮
還能做出鹹塔和餅乾

塔皮有酥脆、酥鬆、硬脆三種類型，這三種塔皮
麵團的差異在於砂糖和水分的含量，以此為基
礎，作法會有些許不同，請務必確實掌握重點。
基本塔皮完成後，不只可以烘烤甜塔，也能做成
鹹塔或餅乾。塔皮可事先冷凍起來，想吃的時候
就能隨烤隨吃。請好好享受剛出爐的美味吧！

享受三種不同的塔皮
及其口感

酥脆塔皮

砂糖30g、水分10g，是三種類型之中加入最多砂糖、水分最少的甜塔皮。由於奶油置於室溫軟化，並且加入材料充分攪拌的關係，麵團中充滿了空氣，可以烘烤出口感酥脆的塔皮。

酥鬆塔皮

為了將冰涼的塊狀奶油細碎地混入粉類材料中，重點在於趁奶油還沒有融化前快速操作。砂糖20g、水分20g，在三種類型之中是居中的分量。奶油經過烘烤會融於麵團中，麵團內不含空氣，因此可以烘烤出口感酥鬆的塔皮。

硬脆塔皮

和酥鬆塔皮一樣，必須將冰涼的塊狀奶油細碎地混入粉類材料中，因此製作麵團時速度是成功關鍵。砂糖只用3g，是三種類型之中最少的，水分則是30g，是三種之中最多的。由於奶油的脂肪難溶於水分中，塔皮會變得有層次，產生硬脆的口感。

基本材料
Ingrédients

a **鹽**

為了能均勻混合，建議使用顆粒較細的鹽。

b **低筋麵粉**

在麵粉之中，會產生筋性和黏度的麩質最少。由於容易吸收濕氣和味道，密封保存後須盡早使用完畢。

c **細砂糖**

做甜點時最常見、也最容易使用的砂糖。特色在於高純度以及高雅的甜味，不僅可以讓蛋的打發更穩定，也有助於烘烤上色。

d **糖粉**

粉末狀的細砂糖，為了不讓它凝固，當中混有玉米粉。也能用在裝飾上。

e **蛋**

每顆蛋的大小和分量都不同，1顆約為50〜55g，因此本書幾乎都以g來標示使用的蛋量。

f **杏仁粉**

粉末狀的杏仁果。有些市售品會加入玉米粉來增量，製作本書中的點心時，請使用100%的純杏仁粉。

g **奶油**（無鹽）

以牛奶為原料，乳脂肪含量高達80%〜85%左右的奶油。分為無鹽和含鹽兩種，一般來說，做甜點時會使用無鹽奶油。

基本道具
Batterie

a 蛋糕散熱架

用於冷卻剛烤好的塔。

b 橡皮刮刀

建議使用刀刃和刀柄一體成形、耐高溫的橡皮刮刀。若備有小尺寸的刮刀會很方便。

c 刷子

在烘烤完成的塔面塗抹果膠等材料時,會用到刷子。

d 抹刀

可以鏟起剛烤好的塔,也是在塔皮表面塗抹奶油餡時的重要工具。

e 篩網

用於過篩粉類。附把手的比較好用。

f 磅秤

以1g為單位的電子秤比較方便好用。所有做點心的材料都必須秤量備用。

g 塔模（直徑18cm）

本書使用的基本模具,建議選擇底部可拆開的活動模。

h 小塔模

可隨個人喜好選擇尺寸,直徑6～7cm左右的好用又方便。本書使用的是7cm的模具。

i 方盆

作為烤模使用的琺瑯材質方盆。左邊為20.5×16×3cm,右邊為20.8×14.5×4.4cm。

j 調理盆

不鏽鋼材質,用於製作麵團的調理盆。又厚又深的最為適當。

k 打蛋器

選用握起來順手、堅固又方便操作的打蛋器。

l 刮板

切拌奶油或是聚攏麵團時的必備工具。

m 重石

盲烤塔皮時,必須將重石放在鋪好的烘焙紙上方。

Chapitre 1
酥脆口感的
塔

製作塔皮時會充分攪拌,因此麵團內富含空氣,吃
起來口感酥脆。砂糖放得多,容易烤焦,適合先盲
烤塔皮,再鋪上奶油餡和水果,做成以新鮮水果為
配料的甜塔。這種塔皮用於製作餅乾時,在切片或
直接壓模等單純的形狀之下進行烘烤,將更能顯現
出它的酥脆感。

草莓塔（作法P.12）

基本的酥脆塔皮

草莓塔
Tarte aux fraises

看到美味的草莓，就想馬上做成草莓塔。我喜歡把草莓切成圓片，不管怎麼裝飾都能獲得「好可愛！」的稱讚，這可是做草莓甜點時最愉快的事。

▶ 材料 〔直徑18㎝的塔模1個份〕

［塔皮］

奶油 ── 45g

糖粉 ── 30g

蛋 ── 10g

低筋麵粉 ── 85g

杏仁粉 ── 10g

鹽 ── 1小撮

［杏仁奶油餡］

奶油 ── 40g

細砂糖 ── 40g

杏仁粉 ── 40g

蛋 ── 40g

［配料］

草莓醬 ── 適量

草莓 ── 適量

▶ 事前準備

• 將蛋置於室溫回溫並均勻打散。

• 將奶油置於室溫軟化。

▶ 作法

◎製作塔皮

將奶油放入調理盆中，垂直拿著打蛋器，將奶油打成乳霜狀，加入糖粉後攪拌均勻。

加入蛋液並攪拌均勻。

加入低筋麵粉、杏仁粉、鹽，用橡皮刮刀以切拌的方式攪拌均勻。

用手將麵團整圓，以保鮮膜包覆後置於冰箱冷藏鬆弛3小時以上。

將 ❹ 的麵團放在料理台上，用保鮮膜上下包夾。先用擀麵棍輕敲麵團，並注意不讓麵團碎裂。接著將麵團旋轉90°，繼續輕敲麵團。重複2～3次。

point 已經使用保鮮膜包覆麵團，所以不需要再撒麵粉。

把麵團稍微擀開後，一邊90°轉動麵團，一邊用擀麵棍擀成圓形。

point 不時掀開麵團上方的保鮮膜，以避免保鮮膜陷入麵團中而撕不開。

擀成比塔模約大3cm的圓形後，先確認上方的保鮮膜沒有沾黏，再將塔皮翻面，拿掉上面的保鮮膜，以擀麵棍提起塔皮的一端，接著拿掉底面的保鮮膜，把塔皮鋪在塔模正中央。

輕輕按壓塔皮，使其貼合底部的彎凹處，並沿著側面立起來。重複一圈後，再將塔皮貼緊塔模。

用刀子切除塔模邊緣多餘的部分，檢視鋪好的塔皮，將切落的部分補在較薄的地方，並以手指按壓服貼，用叉子在底部均勻戳出孔洞。

point 先在塔皮正中央戳出一排孔洞，斜拿叉子後再戳出另一排。以同方向戳洞的話，可能會造成塔皮碎裂，請務必注意。

將保鮮膜鋪在⑨上，以手指輕壓彎凹處，使保鮮膜貼合整個塔皮，放入夾鏈保鮮袋後冷凍保存。

point 就算要直接烘烤，也得先將塔皮放進冷凍室鬆弛。冷凍塔皮可保存約1個月。

接下一頁→

基本的酥脆塔皮

草莓塔
Tarte aux fraises

◎製作杏仁奶油餡

將奶油放入調理盆中，以打蛋器將奶油打成乳霜狀。

加入細砂糖攪拌，接著依序加入杏仁粉、蛋液，攪拌均勻。

◎烘烤

將杏仁奶油餡抹在事先冷凍起來的塔皮中，放入預熱至180℃的烤箱烘烤35～40分鐘。

＜脫模方式＞

待塔皮完全冷卻後，放在果醬瓶等有高度的容器上脫模。

＜盲烤塔皮＞

如果要製作法式檸檬塔（p16）或藍莓馬斯卡彭起司塔（p20），會使用不加任何餡料，直接盲烤後的塔皮。

將烘焙紙剪成比塔皮稍微大一點的圓形後，摺成三角形，在外側剪幾刀，攤開鋪在塔皮上。

在烘焙紙上鋪滿重石。

◎完成

塔皮冷卻後，用刷子薄薄塗上一層草莓醬。

沿著邊緣鋪上草莓，並在中央放上大量的草莓做裝飾。

point 請依自己的喜好切草莓，也可以整顆直接擺上去做裝飾。

法式檸檬塔（作法P.18）

熱帶水果椰子塔（作法P.19）

法式檸檬塔
Tarte au citron

我喜歡檸檬，甚至用它當做甜點教室的名稱。初次在巴黎嚐到檸檬塔的時候，我不禁驚嘆：「法國竟然有如此酸甜美味的點心！」這道甜點是我重複嘗試製作檸檬奶油餡後，才得以完成的自信之作。

▶ 材料〔直徑18㎝的塔模1個份〕

［塔皮］

奶油 — 45g

糖粉 — 30g

蛋 — 10g

低筋麵粉 — 85g

杏仁粉 — 10g

鹽 — 1小撮

［檸檬奶油餡］

A ［ 蛋 — 2顆
   蛋黃 — 2顆份
   細砂糖 — 100g

B ［ 檸檬汁 — 90g
   檸檬皮屑 — 1顆份
   奶油 — 60g
   細砂糖 — 50g

▶ 事前準備

• 將蛋置於室溫回溫並均勻打散。

• 將奶油置於室溫軟化。

▶ 作法

◎製作塔皮

1　參照基本的酥脆塔皮（P12～13）❶～❿製作塔皮，並冷凍保存。

2　從冷凍室中拿出塔皮，取下保鮮膜。覆上依塔模大小裁切的烘焙紙後，鋪滿重石（參照P14）。

3　將2放入預熱至180℃的烤箱烘烤15分鐘，取出烘焙紙和重石，把溫度降低至170℃，繼續烘烤10～15分鐘（盲烤）。若沒有烤出焦色，就視情況多烤幾分鐘。

◎製作檸檬奶油餡

4　將A放入調理盆中，以打蛋器充分攪拌至濃稠。

5　將B放入鍋中，以中火加熱。

6　待5沸騰後，倒進4的調理盆中拌勻，再倒回鍋中，以中火加熱並不停攪拌，煮到濃稠且有光澤為止。

point　煮到濃稠前就離火的話，奶油餡即使冷卻也不會凝固；而煮過頭則會出現凝結的塊狀物，因此必須注意熬煮的時間和火侯。

◎完成

7　將檸檬奶油餡倒入冷卻後的塔皮中，用抹刀抹平表面，放入冰箱冷藏2小時以上使其凝固。

熱帶水果椰子塔

Tarte aux fruits tropicaux et à la noix de coco

我在造訪新加坡的時候，每天早上都會吃鳳梨和芒果，常夏之國的熱帶水果，美味確實不同凡響。我把熱帶水果當成配料，搭配與它們非常對味的椰子奶油餡，組合成一道甜點。

▶ 材料 〔直徑18㎝的塔模1個份〕

［塔皮］

奶油 — 45g

糖粉 — 30g

蛋 — 10g

低筋麵粉 — 85g

杏仁粉 — 10g

鹽 — 1小撮

［椰子奶油餡］

奶油 — 15g

細砂糖 — 20g

蛋 — 40g

杏仁粉 — 40g

椰子粉 — 20g

椰奶 — 30g

［杏桃果膠］

杏桃醬 — 50g

水 — 2小匙

［配料］

芒果 — 80g

鳳梨 — 80g

（總計150～160g）

▶ 事前準備

• 將蛋置於室溫回溫並均勻打散。

• 將奶油置於室溫軟化。

▶ 作法

◎製作塔皮

1　參照基本的酥脆塔皮（P12～13）❶～❿製作塔皮，並冷凍保存。

◎製作椰子奶油餡

2　將奶油放入調理盆，以打蛋器打成乳霜狀。

3　依序在2之中加入細砂糖、蛋、杏仁粉、椰子粉混合攪拌，再加入椰奶拌勻。

◎製作杏桃果膠

4　將杏桃醬和水放入鍋中，以小火加熱，不時以橡皮刮刀攪拌至溶解開來。

◎完成

5　在事先冷凍起來的塔皮中抹椰子奶油餡，鋪上已切成一口大小的芒果和鳳梨。

6　放入預熱至180℃的烤箱烘烤35～40分鐘。用刷子趁熱在塔的表面塗上杏桃果膠。

藍莓馬斯卡彭起司塔

Tarte aux myrtilles et au mascarpone

用單吃也很美味的馬斯卡彭起司搭配發泡鮮奶油，製作成味道醇厚的奶油餡。酥脆塔皮加上香醇奶油餡，再鋪上滿滿的藍莓，營造出令人驚喜的三重美味。

▶ 材料〔20.5×16×3㎝的方盆1個份〕

［塔皮］

奶油 ― 45g

糖粉 ― 30g

蛋 ― 10g

低筋麵粉 ― 85g

杏仁粉 ― 10g

鹽 ― 1小撮

［馬斯卡彭奶油餡］

鮮奶油 ― 100g

細砂糖 ― 20g

馬斯卡彭起司 ― 100g

［配料］

藍莓 ― 100g

▶ 事前準備

• 將蛋置於室溫回溫並均勻打散。

• 將奶油置於室溫軟化。

▶ 作法

◎製作塔皮

1　參照基本的酥脆塔皮（P12～13）❶～❿製作塔皮，並冷凍保存。不過，在步驟❻、❼中，麵團必須擀成比方盆大一圈的長方形。

2　從冷凍室中拿出塔皮，取下保鮮膜。覆上依方盆大小裁切的烘焙紙後，鋪滿重石。

3　將2放入預熱至180℃的烤箱烘烤15分鐘，取出烘焙紙和重石，把溫度降低至170℃，繼續烘烤10～15分鐘（盲烤）。若沒有烤出焦色，就視情況多烤幾分鐘。

◎製作馬斯卡彭奶油餡

4　將鮮奶油和細砂糖放入調理盆，以打蛋器打成7分發。

5　加入馬斯卡彭起司，用橡皮刮刀切拌混合。

point 請注意，若以打蛋器攪拌，鮮奶油和馬斯卡彭起司會油水分離。

◎完成

6　在冷卻後的塔皮中抹馬斯卡彭奶油餡，放入冰箱冷藏1小時以上。最後用藍莓裝飾。

新鮮水果塔
Tarte aux fruits frais

卡士達醬搭配水果的組合人人都愛，堪稱是甜塔界的女王。帶有濃稠感的卡士達醬在法文中有「甜點師的奶油」之稱，熬煮之後，口感會變得輕盈又美味。

▶ 材料〔直徑18㎝的塔模1個份〕

［塔皮］

奶油 — 45g

糖粉 — 30g

蛋 — 10g

低筋麵粉 — 85g

杏仁粉 — 10g

鹽 — 1小撮

［杏仁奶油餡］

奶油 — 40g

細砂糖 — 40g

杏仁粉 — 40g

蛋 — 40g

［卡士達醬］

牛奶 — 160g

香草莢 — ½根

蛋黃 — 2顆份

細砂糖 — 40g

玉米粉 — 10g

［配料］

喜歡的新鮮水果 — 適量

▶ 事前準備

• 將蛋置於室溫回溫並均勻打散。

• 將奶油置於室溫軟化。

▶ 作法

◎製作塔皮

1　參照基本的酥脆塔皮（P12~13）❶～❿製作塔皮，並冷凍保存。

◎製作杏仁奶油餡

2　將奶油放入調理盆中，以打蛋器打成乳霜狀。

3　在2之中加入細砂糖攪拌，接著依序加入杏仁粉、蛋液，攪拌均勻。

◎製作卡士達醬

4　在鍋中放入牛奶、香草莢的籽和豆莢，加熱至沸騰後離火。

5　將蛋黃和細砂糖放入調理盆中，以打蛋器攪拌，再加入玉米粉拌勻。

6　將4倒入5之中均勻攪拌，再以濾網過濾倒回鍋中[a]。

7　一邊以打蛋器攪拌6，一邊以中火加熱。若出現大塊凝結物，可先暫時離火用橡皮刮刀從鍋底刮拌均勻，再以中火加熱並不停攪拌。煮到表面冒泡後再煮約2分鐘，直到出現光澤、呈現滑順狀態為止[b]。

8　將7倒入方盆等容器中，用保鮮膜密封，以冰水墊在底部快速冷卻，再放入冰箱中冷藏。

point　約可冷藏保存3天。

◎完成

9　在事先冷凍起來的塔皮中抹杏仁奶油餡，放入預熱至180℃的烤箱烘烤35~40分鐘。

10　將8的卡士達醬放入調理盆中，以打蛋器再次攪打滑順，塗在冷卻後的甜塔上，最後以水果裝飾。

a

b

法式巧克力塔（作法P.26）

焦糖堅果塔（作法P.27）

法式巧克力塔
Tarte au chocolat

法國人毫無疑問地都愛巧克力！愛到每個家庭皆有專屬的法式巧克力蛋糕和法式巧克力塔食譜，它們都是以做出接近生巧克力口感為目標，這道法式巧克力塔也是其中之一。

▶ 材料 〔直徑18cm的塔模1個份〕

［塔皮］

奶油 — 45g

糖粉 — 30g

蛋 — 10g

低筋麵粉 — 85g

杏仁粉 — 10g

鹽 — 1小撮

［巧克力奶油餡］

苦甜巧克力 — 120g

鮮奶油 — 140g

蛋 — 35g

［配料］

可可粉 — 適量

覆盆莓 — 適量

▶ 事前準備

• 將蛋置於室溫回溫並均勻打散。

• 將奶油置於室溫軟化。

▶ 作法

◎製作塔皮

1　參照基本的酥脆塔皮（P12～13）❶～❿製作塔皮，並冷凍保存。

2　從冷凍室中拿出塔皮，取下保鮮膜。覆上依塔模大小裁切的烘焙紙後，鋪滿重石（參照P14）。

3　將2放入預熱至180℃的烤箱烘烤15分鐘，取出烘焙紙和重石，把溫度降低至170℃，繼續烘烤10～15分鐘（盲烤）。若沒有烤出焦色，就視情況多烤幾分鐘。

◎製作巧克力奶油餡

4　將切碎的巧克力放入調理盆中。

5　將鮮奶油放入鍋中，以中火加熱，沸騰後倒入4中，暫時放著，待巧克力稍微溶解後，垂直拿著打蛋器，從中央輕輕攪拌至完全溶解[a]。

6　將打散後的蛋液加入5，均勻攪拌。

◎完成

7　將巧克力奶油餡倒入冷卻後的塔皮中，用抹刀抹平表面，放入預熱至160℃的烤箱烘烤15分鐘。

8　待7冷卻後，放入冰箱冷藏2小時以上，最後撒上可可粉，並以覆盆莓裝飾。

a

焦糖堅果塔
Tarte aux noix au caramel

曾在布列塔尼半島的甜點店看到
大人們神情認真地挑選牛奶糖，
當時為此驚訝不已的我，也跟著
試吃了一塊，發現它甜蜜中交織
著些許苦味，呈現出完美的平衡，
進而凸顯出鹹味，令人驚嘆！這道
甜點的焦糖醬也營造了那美味的
平衡口感。

▶ **材料**〔直徑18cm的塔模1個份〕
〔塔皮〕
奶油 — 45g
糖粉 — 30g
蛋 — 10g
低筋麵粉 — 85g
杏仁粉 — 10g
鹽 — 1小撮
〔杏仁奶油餡〕
奶油 — 40g
細砂糖 — 40g
杏仁粉 — 40g
蛋 — 40g
〔焦糖醬〕
細砂糖 — 60g
水 — 10g
鮮奶油 — 80g
奶油 — 40g
鹽 — 1小撮
〔配料〕
榛果 — 60g
杏仁 — 40g
　（總計100g）

▶ **事前準備**
• 將蛋置於室溫回溫並均勻打散。
• 將奶油置於室溫軟化。

▶ **作法**
◎製作塔皮
1　參照基本的酥脆塔皮（P12～13）❶～❿製作塔皮，並冷凍保存。
◎製作杏仁奶油餡
2　將奶油放入調理盆中，以打蛋器打成乳霜狀。
3　在2之中加入細砂糖攪拌，接著依序加入杏仁粉、蛋液，攪拌均勻。
◎製作焦糖醬
4　將細砂糖和水放入鍋中，以中火加熱，待細砂糖溶解並呈現淺棕色時，加入鮮奶油和奶油，以小火加熱並攪拌。最後加鹽拌勻。
point　顏色太淡的話，會導致只有甜味但沒有濃醇感；如果顏色深到如布丁的焦糖醬，嚐起來又會太苦。焦色的拿捏可多嘗試幾次，找到自己喜愛的濃度。
◎製作焦糖堅果
5　將烤過的榛果和杏仁切半後放入4中，攪拌均勻。
◎完成
6　在事先冷凍起來的塔皮中抹杏仁奶油餡，放入預熱至180℃的烤箱烘烤35～40分鐘。
7　用湯匙挖取焦糖堅果，鋪在烤好的甜塔上。

法式杏仁塔
Amandine

法文將杏仁稱之為「Amande」。正如其名，這是一道將杏仁片撒在杏仁奶油餡上，將杏仁的滋味發揮得淋漓盡致的甜塔，就連最後滿滿塗在表面的杏桃果醬也無比美味。

▶ 材料〔直徑7cm的塔模10個份〕

［塔皮］
奶油 ── 45g
糖粉 ── 30g
蛋 ── 10g
低筋麵粉 ── 85g
杏仁粉 ── 10g
鹽 ── 1小撮

［杏仁奶油餡］
奶油 ── 40g
細砂糖 ── 40g
杏仁粉 ── 40g
蛋 ── 40g

［杏桃果膠］
杏桃醬 ── 50g
水 ── 2小匙

［配料］
洋李乾（無籽）── 10顆
杏仁片 ── 30g

▶ 事前準備
・將蛋置於室溫回溫並均勻打散。
・將奶油置於室溫軟化。

▶ 作法

◎製作塔皮

1 參照基本的酥脆塔皮（P12）❶～❹製作麵團。

2 將1的麵團分成10等分，用手整圓。

3 以保鮮膜上下包夾2的麵團，用擀麵棍擀成比塔模稍微大一點的圓形。

4 取下3的保鮮膜，將塔皮鋪在塔模正中央，並順著塔模按壓貼合。共做出10個。

5 將4放入夾鏈保鮮袋後冷凍保存。

◎製作杏仁奶油餡

6 將奶油放入調理盆中，以打蛋器打成乳霜狀。

7 在6之中加入細砂糖攪拌，接著依序加入杏仁粉、蛋液，攪拌均勻。

◎製作杏桃果膠

8 將杏桃醬和水放入鍋中，以小火加熱，不時以橡皮刮刀攪拌至溶解開來。

◎完成

9 在事先冷凍起來的塔皮中放入壓扁的洋李乾，並在上方抹杏仁奶油餡。

10 在表面撒上杏仁片，放入預熱至180℃的烤箱烘烤30分鐘。

11 待冷卻後，用刷子在塔的表面塗上杏桃果膠。

法式布朗尼塔
Tarte au Brownie

布朗尼原本是源自美國的甜點，後來傳到熱愛巧克力的法國，現在彷彿成了名符其實的法國甜點。重點在於將每一塊都切得大大的，享受外層酥脆、內餡濕潤扎實的美妙滋味。

▶ 材料〔20.5×16×3㎝的方盆1個份〕

［塔皮］
奶油 ― 45g
糖粉 ― 30g
蛋 ― 10g
低筋麵粉 ― 85g
杏仁粉 ― 10g
鹽 ― 1小撮

［布朗尼餡］
苦甜巧克力 ― 100g
奶油 ― 40g
細砂糖 ― 40g
牛奶 ― 40g
蛋 ― 1顆
低筋麵粉 ― 40g
核桃 ― 50g
橙皮 ― 50g

▶ 事前準備
• 將蛋置於室溫回溫並均勻打散。
• 將奶油置於室溫軟化。

▶ 作法

◎製作塔皮

1　參照基本的酥脆塔皮（P12～13）❶～❿製作塔皮，並冷凍保存。不過，在步驟❻、❼中，麵團必須擀成比方盆大一圈的長方形。

2　從冷凍室中拿出塔皮，取下保鮮膜。覆上依方盆大小裁切的烘焙紙後，鋪滿重石（參照P14）。

3　將2放入預熱至180℃的烤箱烘烤15分鐘，取出烘焙紙和重石（盲烤）。

◎製作布朗尼餡

4　將切碎的巧克力和奶油放入調理盆中，隔水加熱至融化。

5　在4之中依序加入細砂糖、牛奶、蛋、過篩後的低筋麵粉，每次加入都要以打蛋器混合均勻。

6　在5之中加入大略切碎的核桃和橙皮，攪拌均勻。

◎完成

7　在冷卻後的塔皮中倒入布朗尼餡，放入預熱至160℃的烤箱烘烤30分鐘。

法式櫻桃布丁塔（作法P.34）

起司慕斯塔（作法P.35）

法式櫻桃布丁塔
Clafoutis

這是法國利穆贊大區的甜點。只使用櫻桃製作時，會特別稱之為「櫻桃布丁塔」，使用其他水果時，則稱之為「水果布丁塔」。在櫻桃盛產的季節，不妨試著用不去籽的櫻桃，做出洋溢法國家庭氛圍的甜塔。

▶ 材料〔20.5×16×3㎝的方盆1個份〕

［塔皮］
奶油 ― 45g
糖粉 ― 30g
蛋 ― 10g
低筋麵粉 ― 85g
杏仁粉 ― 10g
鹽 ― 1小撮

［布丁液］
蛋 ― 2顆
細砂糖 ― 60g
低筋麵粉 ― 30g
牛奶 ― 100g
鮮奶油 ― 80g
奶油 ― 10g

［櫻桃］
糖漬櫻桃 ― 90g
（使用含籽的櫻桃則為150g）

▶ 事前準備
• 將蛋置於室溫回溫並均勻打散。
• 將奶油置於室溫軟化。
• 在方盆內側塗上薄薄的奶油，底面鋪上烘焙紙。

▶ 作法

◎製作塔皮

1　參照基本的酥脆塔皮（P12～13）❶～❿製作塔皮，並冷凍保存。

2　從冷凍室中拿出塔皮，取下保鮮膜。覆上依方盆大小裁切的烘焙紙後，鋪滿重石（參照P14）。

3　將2放入預熱至180℃的烤箱烘烤15分鐘，取出烘焙紙和重石（盲烤）。

◎製作布丁液

4　將蛋、細砂糖放入調理盆中，以打蛋器攪拌均勻，加入過篩後的低筋麵粉，充分攪拌至滑順。

5　將牛奶、鮮奶油、奶油放入鍋中，加熱至鍋緣冒泡、即將沸騰為止。

6　將冷卻至體溫的5一點一點地倒入4之中，攪拌均勻。

◎完成

7　在冷卻後的塔皮中鋪滿櫻桃，從上方倒入布丁液，放入預熱至170℃的烤箱烘烤30分鐘。

起司慕斯塔
Tarte au fromage sans cuisson

一般來說，大多是用消化餅當做起司慕斯蛋糕的底，這裡則是將它做成甜塔。濃厚滑順的起司慕斯餡搭配酥脆的塔皮，口感絕佳，是一道帶有成熟風味的甜點！加入檸檬汁後，滋味更清爽。

▶ 材料〔直徑18㎝的塔模1個份〕

［塔皮］

奶油 — 45g

糖粉 — 30g

蛋 — 10g

低筋麵粉 — 85g

杏仁粉 — 10g

鹽 — 1小撮

［起司慕斯餡］

奶油起司 — 120g

細砂糖 — 40g

優格 — 80g

鮮奶油 — 50g

吉利丁片 — 3g

檸檬汁 — 2小匙

▶ 事前準備

• 將蛋置於室溫回溫並均勻打散。

• 將奶油置於室溫軟化。

▶ 作法

◎製作塔皮

1　參照基本的酥脆塔皮（P12～13）❶～❿製作塔皮，並冷凍保存。

2　從冷凍室中拿出塔皮，取下保鮮膜。覆上依塔模大小裁切的烘焙紙後，鋪滿重石（參照P14）。

3　將2放入預熱至180℃的烤箱烘烤15分鐘，取出烘焙紙和重石，把溫度降低至170℃，繼續烘烤10～15分鐘（盲烤）。若沒有烤出焦色，就視情況多烤幾分鐘。

◎製作起司慕斯餡

4　將奶油起司放入調理盆中，以木匙攪拌至柔軟滑順。加入細砂糖以打蛋器攪拌，再加入優格拌勻。

5　在耐熱容器中放入半量的鮮奶油，以微波爐加熱20～30秒並觀察狀況。將事先浸泡大量冷水膨脹的吉利丁大致瀝乾後加入其中，以打蛋器混合溶解。接著加入剩下的鮮奶油，攪拌均勻。

6　將5倒入4之中攪拌均勻，再加入檸檬汁拌勻。

◎完成

7　將起司慕斯餡倒入冷卻後的塔皮中，放入冰箱冷藏2小時以上，使其冷卻凝固。

法式焦糖核桃塔
Dauphinois

這是知名核桃產地——法國多菲內地區的甜點。用塔皮包覆烤過的核桃和焦糖醬烘烤而成，形狀可依個人喜好決定。因為我想做成方便攜帶的大小，所以用方盆烘烤，再切成小塊。

▶ 材料〔20.5×16×3cm 的方盆1個份〕
［塔皮］
奶油 — 75g
糖粉 — 50g
蛋 — 15g
低筋麵粉 — 140g
杏仁粉 — 15g
鹽 — 1小撮
［焦糖核桃醬］
水麥芽 — 50g
細砂糖 — 170g
鮮奶油 — 40g
牛奶 — 50g
蜂蜜 — 30g
奶油 — 20g
核桃 — 200g

▶ 事前準備
• 將蛋置於室溫回溫並均勻打散。
• 將奶油置於室溫軟化。
• 將核桃大略切碎。

▶ 作法
◎製作塔皮
1　參照基本的酥脆塔皮（P12）❶～❹製作麵團，分成 $\frac{3}{5}$ 量的Ⓐ以及 $\frac{2}{5}$ 量的Ⓑ，置於冰箱冷藏鬆弛1小時以上。
2　參照基本的酥脆塔皮（P12～P13）❺～❿製作塔皮，並冷凍保存。不過，Ⓐ必須擀成比方盆大一圈的長方形、鋪進方盆中，Ⓑ則擀成和方盆一樣大的長方形。
◎製作焦糖核桃醬
3　將水麥芽和細砂糖放入鍋中加熱，煮到濃稠且變成焦茶色。
4　將鮮奶油和牛奶放入鍋中加熱，沸騰後關火並倒入3中混合均勻。
5　將蜂蜜和奶油加入4之中攪拌，接著加入核桃拌勻，倒入鋪了保鮮膜的方盆中冷卻。
6　待5冷卻後用手連同保鮮膜一起調整形狀（可冷藏保存2週）。
point 在凝固前調整形狀，之後會比較容易放入塔皮中。
◎完成
7　在事先冷凍的Ⓐ塔皮中放入焦糖核桃醬 [a]。
8　在7的上方鋪上Ⓑ塔皮，超出方盆的部分往內折，用手壓平上下塔皮的交接處，使其確實貼合 [b]。
9　用手指在表面塗蛋黃液（分量外），用叉子戳出孔洞 [c]，放入預熱至170℃的烤箱烘烤40分鐘。
point 使用刷子會戳破塔皮，因此請用手指塗抹蛋黃液。為了避免焦糖在沸騰後從塔皮中流出來，請等距戳出孔洞。。
10　放置半天以上，便可切成自己喜歡的大小。

蒙布朗塔
Tarte mont blanc

酥脆的塔皮疊上香濃滑順的杏仁奶油餡、口感輕盈的發泡鮮奶油和味道濃郁的蒙布朗奶油餡，形成擁有四層風味的奢華蒙布朗。即使沒有專用的擠花嘴也沒關係，還是可以做成撒上糖粉的白色雪山。

▶ 材料〔直徑7㎝的塔模10個份〕

[塔皮]

奶油 — 45g

糖粉 — 30g

蛋 — 10g

低筋麵粉 — 85g

杏仁粉 — 10g

鹽 — 1小撮

[杏仁奶油餡]

奶油 — 40g

細砂糖 — 40g

杏仁粉 — 40g

蛋 — 40g

[蒙布朗奶油餡]

栗子泥 — 180g

奶油 — 120g

蘭姆酒 — 1大匙

[發泡鮮奶油]

鮮奶油 — 100g

細砂糖 — 10g

▶ 事前準備

・將蛋置於室溫回溫並均勻打散。

・將奶油置於室溫軟化。

▶ 作法

◎製作塔皮

1　參照基本的酥脆塔皮（P12）❶～❹製作麵團。

2　將1的麵團分成10等分，用手整圓。

3　以保鮮膜上下包夾2的麵團，用擀麵棍擀成比塔模稍微大一點的圓形。

4　取下3的保鮮膜，將塔皮鋪在塔模正中央，並順著塔模按壓貼合。共做出10個。

5　將4放入夾鏈保鮮袋後冷凍保存。

◎製作杏仁奶油餡

6　將奶油放入調理盆中，以打蛋器打成乳霜狀。

7　在6之中加入細砂糖攪拌，接著依序加入杏仁粉、蛋液，攪拌均勻。

◎製作蒙布朗奶油餡

8　將栗子泥放入調理盆中，以木匙攪拌至柔軟滑順。分次加入奶油，以手持式電動攪拌器攪拌到變白，再加入蘭姆酒混合均勻。

◎製作發泡鮮奶油

9　將鮮奶油和細砂糖放入調理盆，底下墊著冰水打成7分發。

◎完成

10　在事先冷凍起來的塔皮中抹杏仁奶油餡，放入預熱至180℃的烤箱烘烤30分鐘。

11　在10的上方把發泡鮮奶油擠成山形[a]，置於冷凍室30分鐘左右，使其冷卻凝固。

12　用蒙布朗奶油餡塗抹整個11的表面[b]，再撒上糖粉（分量外）。

a

b

用酥脆塔皮烘烤

微笑乾果餅乾
Biscuits aux fruits secs

可以品嚐到塔皮酥脆感的簡樸小餅乾，直接吃就非常美味，用水果乾做出可愛的表情也很GOOD。把笑容裝進小袋子裡，當做禮物分送給其他人吧！

▶ **材料**〔直徑5㎝的圈模約25片份〕

［餅乾麵團］

奶油 ― 120g

糖粉 ― 60g

蛋 ― 25g

低筋麵粉 ― 175g

杏仁粉 ― 50g

鹽 ― 1小撮

［水果乾］

葡萄乾、蔓越莓乾、橙皮等，

　依自己的喜好決定 ― 適量

▶ **事前準備**

・將蛋置於室溫回溫並均勻打散。

・將奶油置於室溫軟化。

▶ **作法**

1　將奶油放入調理盆中，垂直拿著打蛋器，將奶油打成乳霜狀，加入糖粉後攪拌均勻。

2　加入蛋液並攪拌均勻。

3　加入低筋麵粉、杏仁粉、鹽，用橡皮刮刀以切拌的方式攪拌均勻。用手將麵團整圓，以保鮮膜包覆後，置於冰箱冷藏鬆弛1小時以上。

4　將3的麵團放入L尺寸（27.3×26.8㎝）的夾鏈保鮮袋中，用擀麵棍擀平後冷凍保存。

5　用剪刀將4的保鮮袋兩側剪開，取出麵皮。以圈模壓取出形狀，在表面塗上蛋液（分量外），再用水果乾裝飾。

point　照片中的眼睛是使用蔓越莓乾，鼻子是葡萄乾，嘴巴是橙皮。

6　放入預熱至170℃的烤箱烘烤12〜15分鐘。若沒有烤出焦色，就視情況多烤幾分鐘。

用酥脆塔皮烘烤

薑餅
Biscuits au gingembre

外觀不甚顯眼，但薑汁糖霜的風味鮮明。可以當做朋友的婚禮小物，或是店鋪新開張時發送的開幕禮。能為人帶來滿滿回憶的餅乾，不只適合用於祝賀對方邁入人生的下一段旅程，作為平常吃的點心也很棒。

▶ 材料〔6×3㎝，約36片份〕

〔餅乾麵團〕

奶油 — 100g

黍砂糖 — 125g

蛋 — 20g

牛奶 — 1大匙

A 低筋麵粉 — 200g
泡打粉 — 3g
薑粉 — 3g

〔薑汁糖霜〕

B 糖粉 — 100g
薑汁 — 10g
水 — 10g

▶ 事前準備

• 將蛋置於室溫回溫並均勻打散。

• 將奶油置於室溫軟化。

▶ 作法

1 將奶油放入調理盆中，垂直拿著打蛋器，將奶油打成乳霜狀，加入黍砂糖後攪拌均勻。

2 加入蛋液和牛奶並攪拌均勻。

3 加入混合過篩後的A，用橡皮刮刀以切拌的方式攪拌均勻。用手將麵團整圓，以保鮮膜包覆後，置於冰箱冷藏鬆弛1小時以上。

4 將3的麵團放入L尺寸（27.3×26.8㎝）的夾鏈保鮮袋中，用擀麵棍擀平後冷凍保存。

5 用剪刀將4的保鮮袋兩側剪開，取出麵皮，切成自己喜愛的大小，放入預熱至170℃的烤箱烘烤12～15分鐘。若沒有烤出焦色，就視情況多烤幾分鐘。

6 將B混合後，用刷子薄薄地塗在5的表面，放入預熱至200℃的烤箱烘烤20～30秒。

Chapitre 2

酥鬆口感的
塔

享受不含空氣、在嘴裡緩緩擴散的酥鬆口感，正是
這種塔皮的醍醐味。不僅越嚼越香，抹上奶油餡、
放上配料，送進烤箱二度烘烤後，塔皮的香氣會更
為明顯，令人食指大動。若要烘烤成餅乾，推薦做
成果醬或奶油夾心餅乾。

洋梨塔（作法P.46）

基本的酥鬆塔皮

洋梨塔
Tarte aux poires

說到甜塔，第一個想到要做的就是洋梨塔。雖然使用糖漬洋梨罐頭很方便，但我建議大家趁秋冬產季，自己動手製作糖煮洋梨。僅吃一口就感受得到的美味和入口即化的口感，令人心醉神迷。

▶ 材料〔直徑18㎝的塔模1個份〕

［塔皮］

低筋麵粉 — 75g

杏仁粉 — 15g

糖粉 — 20g

鹽 — 1小撮

奶油 — 50g

蛋 — 20g

［杏仁奶油餡］

奶油 — 40g

細砂糖 — 40g

杏仁粉 — 40g

蛋 — 40g

［配料］

糖煮洋梨 — 半顆切成4等分

（使用糖漬洋梨罐頭也OK）

［杏桃果膠］

杏桃醬 — 50g

水 — 2小匙

▶ 事前準備

• 將塔皮用的奶油切成1.5～2㎝的小丁，放入冰箱冷藏。

• 將塔皮用的蛋均勻打散，放入冰箱冷藏。

point 為了避免奶油在製作塔皮的期間融化，先冷藏奶油和蛋。

• 將杏仁奶油餡用的奶油置於室溫軟化。

• 將杏仁奶油餡用的蛋置於室溫回溫並均勻打散。

• 用廚房紙巾拭乾糖煮洋梨的水分。

▶ 作法

◎製作塔皮

將低筋麵粉、杏仁粉、糖粉、鹽、奶油放入調理盆中，用刮板邊混拌邊將奶油切碎。

用雙手指尖將奶油裹粉，並快速搓揉混合成起司粉般的狀態。

在❷中加入蛋液，用刮板確實混拌。拌匀後，用刮板將麵團用力抹在調理盆緣好幾次，直到變得滑順（砂狀搓揉法）。

point 這是為了讓奶油均勻分布於整個麵團。烘烤之後，奶油會融化浸透至麵團中，原本的空間也會呈空洞狀態，讓塔皮出現酥鬆感。

用手將❸的麵團整圓，以保鮮膜包覆後，置於冰箱冷藏鬆弛1小時以上。

將❹的麵團放在料理台上，用保鮮膜上下包夾。先用擀麵棍輕敲麵團，並注意不讓麵團碎裂。接著將麵團旋轉90°，繼續輕敲麵團。重複2～3次。

把麵團稍微擀開後，一邊90°轉動麵團，一邊用擀麵棍擀成圓形，並不時掀開麵團上方的保鮮膜。

擀成比塔模約大3cm的圓形後，先確認上方的保鮮膜沒有沾黏，再將塔皮翻面，拿掉上面的保鮮膜，以擀麵棍提起塔皮的一端，再拿掉底面的保鮮膜，接著把塔皮鋪在塔模正中央。

按壓塔皮使其貼合底部的彎凹處，並沿著側面立起來。重複一圈後，再將塔皮貼緊塔模。

接下一頁→

基本的酥鬆塔皮

洋梨塔
Tarte aux poires

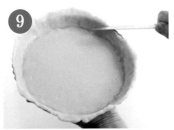

用刀子切除塔模邊緣多餘的部分，檢視鋪好的塔皮，將切落的部分補在較薄的地方，按壓服貼。

用叉子在底部均勻地戳出孔洞。

將保鮮膜鋪在 ⑩ 上，以手指輕壓彎凹處使保鮮膜貼合整個塔皮，放入夾鏈保鮮袋後冷凍保存。

point 就算要直接烘烤，也得先將塔皮放進冷凍室鬆弛。冷凍塔皮可保存約1個月。

◎製作杏仁奶油餡

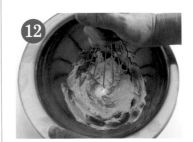

將奶油放入調理盆中，以打蛋器將奶油打成乳霜狀。

在 ⑫ 之中加入細砂糖攪拌，接著依序加入杏仁粉、蛋液，攪拌均勻。

◎烘烤

將杏仁奶油餡抹在事先冷凍起來的塔皮中,上方鋪排切成5mm厚的洋梨,放入預熱至180℃的烤箱烘烤35～40分鐘。

<脫模方式>

待塔皮完全冷卻後,放在果醬瓶等有高度的容器上脫模。

<盲烤塔皮>

如果要製作蘋果塔(p60)或甜蜜巧克力塔(p72),會使用不加任何餡料,直接盲烤後的塔皮。

將烘焙紙剪成比塔皮稍微大一點的圓形後,摺成三角形,在外側剪幾刀,攤開鋪在塔皮上。

在烘焙紙上鋪滿重石。

◎完成

將杏桃醬和水放入鍋中,以小火加熱,不時以橡皮刮刀攪拌至溶解開來。用刷子趁熱塗在塔的表面。

point 杏桃果膠可避免配料裡的水果乾掉,並稍微延長保存期限。

杏桃塔
Tarte aux abricots

在初夏的法國市集中堆積如山的杏桃，我喜歡把它切半，滿滿鋪放於塔上送入烤箱，烘烤成杏桃塔。我家附近也有果園，即使產季只有短短幾週，但想到可以享用當季的新鮮杏桃就覺得很期待。

▶ 材料〔直徑18cm的塔模1個份〕

［塔皮］

低筋麵粉 — 75g

杏仁粉 — 15g

糖粉 — 20g

鹽 — 1小撮

奶油 — 50g

蛋 — 20g

［杏仁奶油餡］

奶油 — 40g

細砂糖 — 40g

杏仁粉 — 40g

蛋 — 40g

［杏桃果膠］

杏桃醬 — 50g

水 — 2小匙

［配料］

糖煮杏桃 — 適量

　（新鮮的杏桃或罐頭的也OK）

▶ 事前準備

• 將塔皮用的奶油切成1.5～2cm的小丁，放入冰箱冷藏。

• 將塔皮用的蛋均勻打散，放入冰箱冷藏。

• 將杏仁奶油餡用的奶油置於室溫軟化。

• 將杏仁奶油餡用的蛋置於室溫回溫並均勻打散。

• 用廚房紙巾拭乾糖煮杏桃的水分。

▶ 作法

◎製作塔皮

1　參照基本的酥鬆塔皮（P46～48）❶～⓫製作塔皮，並冷凍保存。

◎製作杏仁奶油餡

2　將奶油放入調理盆中，以打蛋器打成乳霜狀。

3　在2之中加入細砂糖攪拌，接著依序加入杏仁粉、蛋液，攪拌均勻。

◎製作杏桃果膠

4　將杏桃醬和水放入鍋中，以小火加熱，不時以橡皮刮刀攪拌至溶解開來。

◎完成

5　在事先冷凍起來的塔皮中抹杏仁奶油餡，鋪滿切半的杏桃。

6　放入預熱至180℃的烤箱烘烤35～40分鐘。用刷子趁熱在塔的表面塗上杏桃果膠。

葡萄柚塔（作法P.54）

櫻桃開心果塔（作法P.55）

葡萄柚塔
Tarte au pamplemousse

第一次在巴黎的甜點店「Gérard Mulot」中嚐到這種甜塔時，我很訝異——原來葡萄柚也可以拿來烤！現在的我，迷上了那帶有微苦與酸味的絕佳平衡口感。這道食譜也深受甜點教室學員的喜愛。

▶ 材料〔直徑18㎝的塔模1個份〕

［塔皮］

低筋麵粉 — 75g

杏仁粉 — 15g

糖粉 — 20g

鹽 — 1小撮

奶油 — 50g

蛋 — 20g

［杏仁奶油餡］

奶油 — 40g

細砂糖 — 40g

杏仁粉 — 40g

蛋 — 40g

［杏桃果膠］

杏桃醬 — 50g

水 — 2小匙

［配料］

白葡萄柚 — ½顆

紅葡萄柚 — ½顆

▶ 事前準備

• 將塔皮用的奶油切成1.5～2㎝的小丁，放入冰箱冷藏。

• 將塔皮用的蛋均勻打散，放入冰箱冷藏。

• 將杏仁奶油餡用的奶油置於室溫軟化。

• 將杏仁奶油餡用的蛋置於室溫回溫並均勻打散。

• 剝除葡萄柚的外皮和白色薄膜，用廚房紙巾拭乾水分。

▶ 作法

◎製作塔皮

1　參照基本的酥鬆塔皮（P46～48）❶～⓫製作塔皮，並冷凍保存。

◎製作杏仁奶油餡

2　將奶油放入調理盆中，以打蛋器打成乳霜狀。

3　在2之中加入細砂糖攪拌，接著依序加入杏仁粉、蛋液，攪拌均勻。

◎製作杏桃果膠

4　將杏桃醬和水放入鍋中，以小火加熱，不時以橡皮刮刀攪拌至溶解開來。

◎完成

5　在事先冷凍起來的塔皮中抹杏仁奶油餡，鋪上已經切成瓣狀並去除外皮和白色薄膜的葡萄柚果肉。

6　放入預熱至180℃的烤箱烘烤35～40分鐘。用刷子趁熱在塔的表面塗上杏桃果膠。

櫻桃開心果塔

Tarte aux cerises américaine et aux pistaches

自從我在法國巴黎的甜點學校「Bellouet Conseil」學到櫻桃和開心果的搭配方法後，就非常喜愛這個組合。櫻桃選擇新鮮的或罐頭的都OK，請在奶油餡上多放點櫻桃，放到懷疑自己可能放太多的量，再開始烘烤吧！

▶ **材料**〔直徑18㎝的塔模1個份〕

〔塔皮〕

低筋麵粉 ── 75g

杏仁粉 ── 15g

糖粉 ── 20g

鹽 ── 1小撮

奶油 ── 50g

蛋 ── 20g

〔開心果奶油餡〕

奶油 ── 35g

開心果泥 ── 15g

細砂糖 ── 40g

杏仁粉 ── 40g

蛋 ── 40g

〔杏桃果膠〕

杏桃醬 ── 50g

水 ── 2小匙

〔配料〕

糖煮櫻桃 ── 160g

（新鮮的櫻桃或罐頭的也OK）

▶ **事前準備**

• 將塔皮用的奶油切成1.5～2㎝的小丁，放入冰箱冷藏。

• 將塔皮用的蛋均勻打散，放入冰箱冷藏。

• 將開心果奶油餡用的奶油置於室溫軟化。

• 將開心果奶油餡用的蛋置於室溫回溫並均勻打散。

• 用廚房紙巾拭乾糖煮櫻桃的水分。

▶ **作法**

◎製作塔皮

1　參照基本的酥鬆塔皮（P46～48）❶～⓫製作塔皮，並冷凍保存。

◎製作開心果奶油餡

2　將奶油和開心果泥放入調理盆中，以打蛋器打成乳霜狀。

3　在2之中加入細砂糖攪拌，接著依序加入杏仁粉、蛋液，攪拌均勻。

◎製作杏桃果膠

4　將杏桃醬和水放入鍋中，以小火加熱，不時以橡皮刮刀攪拌至溶解開來。

◎完成

5　在事先冷凍起來的塔皮中抹開心果奶油餡，鋪上櫻桃。

6　放入預熱至180℃的烤箱烘烤35～40分鐘。用刷子趁熱在塔的表面塗上杏桃果膠。

焦糖香蕉塔
Tarte aux bananes au caramel

一放入烤箱，空氣中便瀰漫著香蕉和焦糖的甜蜜香氣，令人不禁想要再靠近烤箱一點。將切成圓片的香蕉妝點在焦糖醬上面時，可以直接平鋪，也可以稍微立起來、插入焦糖醬中。

▶ 材料〔20.5×16×3㎝的方盆1個份〕

[塔皮]

低筋麵粉 ― 75g

杏仁粉 ― 15g

糖粉 ― 20g

鹽 ― 1小撮

奶油 ― 50g

蛋 ― 20g

[杏仁奶油餡]

奶油 ― 40g

細砂糖 ― 40g

杏仁粉 ― 40g

蛋 ― 40g

蘭姆酒 ― 1大匙

[焦糖醬]

細砂糖 ― 30g

水 ― 1小匙

鮮奶油 ― 40g

奶油 ― 20g

[杏桃果膠]

杏桃醬 ― 50g

水 ― 2小匙

[配料]

香蕉 ― 3根

▶ 事前準備

• 將塔皮用的奶油切成1.5～2㎝的小丁，放入冰箱冷藏。

• 將塔皮用的蛋均勻打散，放入冰箱冷藏。

• 將杏仁奶油餡用的奶油置於室溫軟化。

• 將杏仁奶油餡用的蛋置於室溫回溫並均勻打散。

▶ 作法

◎製作塔皮

1　參照基本的酥鬆塔皮（P46～48）❶～⓫製作塔皮，並冷凍保存。不過，在步驟❻、❼中，麵團必須擀成比方盆大一圈的長方形。

◎製作杏仁奶油餡

2　將奶油放入調理盆中，以打蛋器打成乳霜狀。

3　在2之中加入細砂糖攪拌，接著依序加入杏仁粉、蛋液、蘭姆酒，攪拌均勻。

◎製作焦糖醬

4　將細砂糖和水放入鍋中，以中火加熱。

5　待細砂糖溶解並呈現淺棕色時，加入鮮奶油和奶油，以小火加熱並攪拌。

◎製作杏桃果膠

6　將杏桃醬和水放入鍋中，以小火加熱，不時以橡皮刮刀攪拌至溶解開來。

◎完成

7　在事先冷凍起來的塔皮中抹杏仁奶油餡，倒入焦糖醬，將切成近1㎝厚的香蕉片立起鋪排在表面。

8　放入預熱至180℃的烤箱烘烤35～40分鐘。用刷子趁熱在塔的表面塗上杏桃果膠。

松子塔
Tarte aux pignons

只有在普羅旺斯地區才會與這道以「松子」製作的甜點相遇。除了用來做甜塔之外，當地也常見到名為「松子牛角麵包」的烘焙點心，松子在日本很容易取得，可以輕易製作也是松子塔的魅力所在。

▶ 材料〔直徑18㎝的塔模1個份〕
〔塔皮〕
低筋麵粉 — 75g
杏仁粉 — 15g
糖粉 — 20g
鹽 — 1小撮
奶油 — 50g
蛋 — 20g
〔杏仁奶油餡〕
奶油 — 40g
細砂糖 — 40g
杏仁粉 — 40g
蛋 — 40g
〔杏桃果膠〕
杏桃醬 — 50g
水 — 2小匙
〔配料〕
松子 — 100g

▶ 事前準備
• 將塔皮用的奶油切成1.5～2㎝的小丁，放入冰箱冷藏。
• 將塔皮用的蛋均勻打散，放入冰箱冷藏。
• 將杏仁奶油餡用的奶油置於室溫軟化。
• 將杏仁奶油餡用的蛋置於室溫回溫並均勻打散。

▶ 作法
◎製作塔皮
1　參照基本的酥鬆塔皮（P46～48）❶～⓫製作塔皮，並冷凍保存。
◎製作杏仁奶油餡
2　將奶油放入調理盆中，以打蛋器打成乳霜狀。
3　在2之中加入細砂糖攪拌，接著依序加入杏仁粉、蛋液，攪拌均勻。
◎製作杏桃果膠
4　將杏桃醬和水放入鍋中，以小火加熱，不時以橡皮刮刀攪拌至溶解開來。
◎完成
5　在事先冷凍起來的塔皮中抹杏仁奶油餡，並在表面撒滿松子。
6　放入預熱至180℃的烤箱烘烤35～40分鐘。用刷子趁熱在塔的表面塗上杏桃果膠。

蘋果塔
Tarte aux pommes

我在造訪法國時，曾與多到數不清的蘋果塔相遇。無論是「諾曼第塔」還是「亞爾薩斯風味塔」，指的都是蘋果塔。其中，我最喜歡的是糖煮蘋果泥與蘋果薄片的組合，完成的甜塔美味度也是雙倍！

▶ 材料〔直徑18cm的塔模1個份〕

［塔皮］

低筋麵粉 ─ 75g

杏仁粉 ─ 15g

糖粉 ─ 20g

鹽 ─ 1小撮

奶油 ─ 50g

蛋 ─ 20g

［糖煮蘋果］

蘋果 ─ 2～3顆

細砂糖 ─ 30g

奶油 ─ 20g

檸檬汁 ─ 少許

［配料］

蘋果 ─ 2顆

［杏桃果膠］

杏桃醬 ─ 50g

水 ─ 2小匙

▶ 事前準備

• 將塔皮用的奶油切成1.5～2cm的小丁，放入冰箱冷藏。

• 將塔皮用的蛋均勻打散，放入冰箱冷藏。

▶ 作法

◎製作塔皮

1　參照基本的酥鬆塔皮（P46～48）❶～⓫製作塔皮，並冷凍保存。

2　從冷凍室中拿出塔皮，取下保鮮膜。覆上依塔模大小裁切的烘焙紙後，鋪滿重石（參照P14）。

3　將2放入預熱至180℃的烤箱烘烤15分鐘後，取出烘焙紙和重石（盲烤）。

◎製作糖煮蘋果

4　蘋果削皮後，以放射狀切成8等分，去除果核，再切成1.5mm厚的薄片。

5　將糖煮蘋果的材料全部放入鍋中，蓋上鍋蓋，以中火加熱。中途拿掉鍋蓋，熬煮到水分收乾。

6　水分收乾後，倒入方盆等容器中冷卻。

◎分切裝飾用蘋果

7　將蘋果以放射狀切成8等分，去除果核，再切成約2mm厚的薄片。

◎製作杏桃果膠

8　將杏桃醬和水放入鍋中，以小火加熱，不時以橡皮刮刀攪拌至溶解開來。

◎完成

9　在事先冷凍起來的塔皮中填滿糖煮蘋果[a]，上方鋪上裝飾用的蘋果片[b]。

10　在蘋果上方放上適量切碎的奶油（分量外），撒上適量細砂糖（分量外）。放入預熱至180℃的烤箱烘烤30分鐘。用刷子趁熱在塔的表面塗上杏桃果膠。

伯爵茶風味乾果塔（作法P.64）

紅果醬榛果塔（作法P.65）

伯爵茶風味乾果塔
Tarte aux fruits secs au thé Earl Grey

這道伯爵茶風味塔散發著優雅的氣息。只要使用茶包，就可以直接將茶葉混合在麵團或奶油餡中，簡單又方便。浸泡過水果乾的紅茶也很美味，請和甜塔一起享用。

▶ 材料〔直徑7cm的塔模10個份〕

［塔皮］

低筋麵粉 ── 75g

杏仁粉 ── 15g

糖粉 ── 20g

鹽 ── 1小撮

奶油 ── 50g

蛋 ── 20g

［伯爵茶風味杏仁奶油餡］

奶油 ── 45g

細砂糖 ── 45g

杏仁粉 ── 45g

蛋 ── 45g

伯爵茶包 ── 1個

［伯爵茶風味水果乾］

無花果乾 ── 5顆

杏桃乾 ── 5顆

伯爵茶包 ── 1個

熱水 ── 200㎖

［杏桃果膠］

杏桃醬 ── 50g

水 ── 2小匙

▶ 事前準備

• 將塔皮用的奶油切成1.5～2㎝的小丁，放入冰箱冷藏。

• 將塔皮用的蛋均勻打散，放入冰箱冷藏。

• 將杏仁奶油餡用的奶油置於室溫軟化。

• 將杏仁奶油餡用的蛋置於室溫回溫並均勻打散。

▶ 作法

◎製作塔皮

1　參照基本的酥鬆塔皮（P46～47）❶～❹製作麵團。

2　將1的麵團分成10等分，用手整圓。

3　以保鮮膜上下包夾2的麵團，用擀麵棍擀成比塔模稍微大一點的圓形。

4　取下3的保鮮膜，將塔皮鋪在塔模正中央，並順著塔模按壓貼合。共做出10個。

5　將4放入夾鏈保鮮袋後冷凍保存。

◎製作伯爵茶風味杏仁奶油餡

6　將奶油放入調理盆中，以打蛋器打成乳霜狀。

7　在6之中加入細砂糖攪拌，接著依序加入杏仁粉、蛋液、茶包中的茶葉，攪拌均勻。

◎製作伯爵茶風味水果乾

8　在小鍋子中放入水果乾和茶包，倒入熱水，2～3分鐘後取出茶包，暫時置於一旁[a]。

point 泡水果乾的紅茶可以當做水果茶享用。

◎製作杏桃果膠

9　將杏桃醬和水放入鍋中，以小火加熱，不時以橡皮刮刀攪拌至溶解開來。

◎完成

10　在事先冷凍起來的塔皮中抹伯爵茶風味杏仁奶油餡。將8的水果乾瀝乾後對切，鋪放在上面。

11　放入預熱至180℃的烤箱烘烤30分鐘。用刷子趁熱在塔的表面塗上杏桃果膠。

紅果醬榛果塔
Tarte aux noisettes à la confiture rouge

維也納的知名甜點之一「林茲塔」是法國亞爾薩斯地區十分常見的甜點。我在奧貝爾奈這個城鎮的小型甜點店中遇見了它的迷你版，看起來既可愛又美味，因此我也用小塔模做看看。

▶ 材料〔直徑7cm的塔模10個份〕

〔塔皮〕

低筋麵粉 — 75g

杏仁粉 — 15g

糖粉 — 20g

鹽 — 1小撮

奶油 — 50g

蛋 — 20g

〔榛果奶油餡〕

奶油 — 40g

糖粉 — 30g

蛋 — 20g

低筋麵粉 — 30g

榛果粉 — 40g

〔配料〕

覆盆莓醬 — 100g

▶ 事前準備

• 將塔皮用的奶油切成1.5～2cm的小丁，放入冰箱冷藏。

• 將塔皮用的蛋均勻打散，放入冰箱冷藏。

• 將榛果奶油餡用的奶油置於室溫軟化。

• 將榛果奶油餡用的蛋置於室溫回溫並均勻打散。

▶ 作法

◎製作塔皮

1　參照基本的酥鬆塔皮（P46～47）❶～❹製作麵團。

2　將1的麵團分成10等分，用手整圓。

3　以保鮮膜上下包夾2的麵團，用擀麵棍擀成比塔模稍微大一點的圓形。

4　取下3的保鮮膜，將塔皮鋪在塔模正中央，並順著塔模按壓貼合。共做出10個。

5　將4放入夾鏈保鮮袋後冷凍保存。

◎製作榛果奶油餡

6　將奶油放入調理盆中，以打蛋器打成乳霜狀。

7　在6之中加入糖粉並攪拌至變白，接著加入蛋液拌勻。

8　在7之中加入混合過篩的低筋麵粉和榛果粉，用橡皮刮刀充分攪拌。

◎完成

9　在事先冷凍起來的塔皮中抹榛果奶油餡，用刷子在表面塗上半量的覆盆莓醬。依喜好裝飾覆盆莓（分量外）或壓模後的餅乾麵團（分量外）。

10　放入預熱至180℃的烤箱烘烤30分鐘，在塔的表面塗上剩餘的覆盆莓醬。

法式栗子塔
Tarte aux marrons

每到秋天，總有人問我：「今年要用栗子做什麼甜點？」由此可知，栗子甜點深受大眾喜愛。其中，很多人指定要學這道法式栗子塔。碩大的糖漬栗子和濃郁的蘭姆酒風味糖霜，是這道甜點大受歡迎的祕訣。

▶ 材料〔直徑18㎝的塔模1個份〕
［塔皮］
低筋麵粉 — 75g
杏仁粉 — 15g
糖粉 — 20g
鹽 — 1小撮
奶油 — 50g
蛋 — 20g
［栗子奶油餡］
栗子泥 — 100g
奶油 — 30g
細砂糖 — 25g
杏仁粉 — 30g
蛋 — 1顆
［配料］
糖漬栗子 — 適量
［蘭姆酒風味糖霜］
A ｜ 糖粉 — 150g
　　蘭姆酒 — 10㎖
　　水 — 10㎖

▶ 事前準備
• 將塔皮用的奶油切成1.5～2㎝的小丁，放入冰箱冷藏。
• 將塔皮用的蛋均勻打散，放入冰箱冷藏。
• 將栗子奶油餡用的奶油置於室溫軟化。
• 將栗子奶油餡用的蛋置於室溫回溫並均勻打散。

▶ 作法
◎製作塔皮
1　參照基本的酥鬆塔皮（P46～48）❶～⓫製作塔皮，並冷凍保存。
◎製作栗子奶油餡
2　將栗子泥放入調理盆中，以木匙攪拌至柔軟滑順後，加入奶油，以打蛋器充分攪拌。
3　在2之中依序加入細砂糖、杏仁粉、蛋液，攪拌均勻。
◎完成
4　在事先冷凍起來的塔皮中抹栗子奶油餡，並在表面放上糖漬栗子。
5　放入預熱至180℃的烤箱烘烤35～40分鐘。冷卻後，用刷子在塔的表面塗上混合後的A。

柳橙塔
Tarte à l'orange en tranches

僅僅是將糖漬柳橙片重疊鋪排，就能讓這道甜塔化身為盛開的花朵，耀眼動人的柳橙片散發柑橘類水果特有的微苦滋味，告訴大家糖漬水果可不是只有甜味而已。

▶ **材料**〔直徑18 cm的塔模1個份〕

［塔皮］

低筋麵粉 ── 75g

杏仁粉 ── 15g

糖粉 ── 20g

鹽 ── 1小撮

奶油 ── 50g

蛋 ── 20g

［杏仁奶油餡］

奶油 ── 40g

細砂糖 ── 40g

杏仁粉 ── 40g

蛋 ── 40g

［糖漬柳橙］

柳橙 ── 2顆

細砂糖 ── 125g

水 ── 60g

［杏桃果膠］

杏桃醬 ── 50g

水 ── 2小匙

▶ **事前準備**

• 將塔皮用的奶油切成1.5～2cm的小丁，放入冰箱冷藏。

• 將塔皮用的蛋均勻打散，放入冰箱冷藏。

• 將杏仁奶油餡用的奶油置於室溫軟化。

• 將杏仁奶油餡用的蛋置於室溫回溫並均勻打散。

▶ **作法**

◎製作塔皮

1　參照基本的酥鬆塔皮（P46～48）❶～⓫製作塔皮，並冷凍保存。

◎製作杏仁奶油餡

2　將奶油放入調理盆中，以打蛋器打成乳霜狀。

3　在2之中加入細砂糖攪拌，接著依序加入杏仁粉、蛋液，攪拌均勻。

◎製作糖漬柳橙

4　徹底洗淨柳橙，連皮切成2～3mm厚的圓片。

5　鍋中放入細砂糖和水，開火加熱，沸騰後加入4，以中火煮20分鐘。

6　放著冷卻，餘熱散去後，放入冰箱冷藏半天以上。

point 將柳橙浸泡在糖漿中冷藏，有助於入味。

7　取出適量外觀較為漂亮的柳橙片，用廚房紙巾拭乾水分，作為裝飾用。剩餘的柳橙片切成粗末後，混入杏仁奶油餡中。

◎製作杏桃果膠

8　將杏桃醬和水放入鍋中，以小火加熱，不時以橡皮刮刀攪拌至溶解開來。

◎完成

9　在事先冷凍起來的塔皮中抹杏仁奶油餡，並在表面鋪上裝飾用的柳橙片。

10　放入預熱至180℃的烤箱烘烤35～40分鐘，用刷子趁熱在塔的表面塗上糖漬柳橙的糖漿和杏桃果膠。

莓果奶酥塔
Berry Berry Crumble

咬下酥脆、口感鬆軟的美味奶酥，是可以廣泛用於任何烘焙點心的萬能材料，尤其和莓果的酸味特別對味！有空的時候，可以事先做好並冷凍保存，鐵定會成為冰箱裡的重要珍寶。

▶ 材料〔直徑18㎝的塔模1個份〕

［塔皮］
低筋麵粉 — 75g
杏仁粉 — 15g
糖粉 — 20g
鹽 — 1小撮
奶油 — 50g
蛋 — 20g

［杏仁奶油餡］
奶油 — 40g
細砂糖 — 40g
杏仁粉 — 40g
蛋 — 40g

［奶酥］
低筋麵粉 — 25g
杏仁粉 — 25g
細砂糖 — 25g
奶油 — 25g

［配料］
藍莓或覆盆莓等
　— 100g

▶ 事前準備
• 將塔皮用的奶油切成1.5～2㎝的小丁，放入冰箱冷藏。
• 將塔皮用的蛋均勻打散，放入冰箱冷藏。
• 將杏仁奶油餡用的奶油置於室溫軟化。
• 將杏仁奶油餡用的蛋置於室溫回溫並均勻打散。

▶ 作法
◎製作塔皮
1　參照基本的酥鬆塔皮（P46～48）❶～⓫製作塔皮，並冷凍保存。
◎製作杏仁奶油餡
2　將奶油放入調理盆中，以打蛋器打成乳霜狀。
3　在2之中加入細砂糖攪拌，接著依序加入杏仁粉、蛋液，攪拌均勻。
◎製作奶酥
4　將製作奶酥所需的材料全部放入調理盆中，用刮板邊混拌邊將奶油切碎。
5　用雙手指尖將奶油裹粉並快速搓揉，搓到呈現鬆散的顆粒狀後，放入冰箱冷藏（也可冷凍保存）。
◎完成
6　在事先冷凍起來的塔皮中抹杏仁奶油餡，並在上方鋪滿莓果。
7　將奶酥撒在6的表面，放入預熱至180℃的烤箱烘烤35～40分鐘。

甜蜜巧克力塔
Tarte au chocolat délicieux

在這道食譜中登場的蛋糕是所謂的「法式無粉巧克力蛋糕」，也就是使用不加任何粉類製成的巧克力蛋糕體。鬆軟的巧克力蛋糕＋滑順的巧克力奶油餡＋可可塔皮的組合，令巧克力愛好者難以抗拒。

▶ 材料〔20.5×16×3㎝的方盆1個份〕

[可可塔皮]

低筋麵粉 — 100g

可可粉 — 5g

糖粉 — 30g

鹽 — 1小撮

奶油 — 70g

蛋黃 — 1顆份

[巧克力蛋糕]

蛋白 — 2顆份

細砂糖 — 20g

蛋黃 — 1顆份

苦甜巧克力 — 60g

奶油 — 15g

[巧克力奶油餡]

巧克力 — 50g

鮮奶油 — 120㎖

▶ 事前準備

• 將塔皮用的奶油切成1.5～2㎝的小丁，放入冰箱冷藏。

• 將塔皮用的蛋黃均勻打散，放入冰箱冷藏。

▶ 作法

◎製作塔皮

1　參照基本的酥鬆塔皮（P46～48）❶～⓫，將杏仁粉替換成可可粉製作塔皮，並冷凍保存。不過，在步驟❻、❼中，麵團必須擀成比方盆大一圈的長方形。

2　從冷凍室中拿出塔皮，取下保鮮膜。覆上依方盆大小裁切的烘焙紙後，鋪滿重石。

3　將2放入預熱至180℃的烤箱烘烤15分鐘，取出烘焙紙和重石，把溫度降低至170℃，繼續烘烤10～15分鐘（盲烤）。

◎製作巧克力蛋糕

4　將蛋白和1小撮細砂糖放入調理盆中，以手持式電動攪拌器打發。中途分兩次加入其餘的細砂糖，打發成尖角挺立的結實蛋白霜。

5　在4之中加入蛋黃攪拌。

6　取另一個調理盆，放入巧克力和奶油隔水加熱融化後，倒入5之中，以橡皮刮刀從底部往上翻拌均勻。

7　倒入鋪好烘焙紙的方盆中[a]，放入預熱至180℃的烤箱烘烤8分鐘。

point　使用和塔皮同尺寸的方盆烘烤，蛋糕會在烤好後縮小，剛好符合塔皮的尺寸。

◎製作巧克力奶油餡

8　將切碎的巧克力放入調理盆中。

9　將鮮奶油倒入鍋中，以中火加熱，沸騰後倒入8之中。暫時放著，待巧克力稍微溶解後，垂直拿著打蛋器，從中央向外輕輕攪拌至完全溶解。

◎完成

10　在事先冷凍起來的塔皮中鋪上巧克力蛋糕。

11　在10之中倒入巧克力奶油餡[b]，用抹刀將表面整平，置於冰箱冷藏2小時以上，使其冷卻凝固。

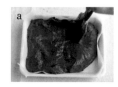

用酥鬆塔皮烘烤

果醬眼鏡餅
Lunettes

Lunettes是法文「眼鏡」的意思。餅乾上的兩個小圓洞，看起來像不像眼鏡呢？一直以來，這都是法國甜點店中的必備點心。「實在是一種帶有法式風格的可愛餅乾啊！」我不禁回想起初次遇見它的感動。

▶ 材料〔4.5×6㎝的長方形餅乾模12組〕

〔餅乾麵團〕

低筋麵粉 ── 135g

泡打粉 ── 1/3小匙

肉桂粉 ── 3g

糖粉 ── 70g

杏仁粉 ── 20g

奶油 ── 90g

蛋 ── 10g

牛奶 ── 1大匙

〔配料〕

覆盆莓醬 ── 80g

▶ 事前準備

• 將奶油切成1.5～2㎝的小丁，放入冰箱冷藏。

• 將蛋均勻打散，放入冰箱冷藏。

▶ 作法

◎製作餅乾麵團

1　將粉類、奶油放入調理盆中，用刮板邊混拌邊將奶油切碎。

2　用雙手指尖將奶油裹粉，並快速搓揉混合。

3　在2之中加入混合的蛋液和牛奶，用刮板確實混拌，拌勻後，用刮板將麵團用力抹在調理盆緣好幾次，使材料徹底融合。

4　用手將3的麵團整圓，以保鮮膜包覆後，置於冰箱冷藏鬆弛1小時以上。

5　將4的麵團放入L尺寸（27.3×26.8㎝）的夾鏈保鮮袋中，用擀麵棍擀平後冷凍保存。

6　用剪刀將5的保鮮袋兩側剪開，取出麵皮。

7　以餅乾模壓取出24塊薄片，其中12塊用擠花嘴等工具在表面開兩個洞[a]。放入預熱至170℃的烤箱烘烤10～12分鐘。若沒有烤出焦色，就視情況多烤幾分鐘。烤好後放涼。

◎完成

8　在沒開洞的餅乾上塗抹覆盆莓醬，再蓋上有開洞的餅乾。

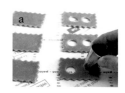
a

Biscuits

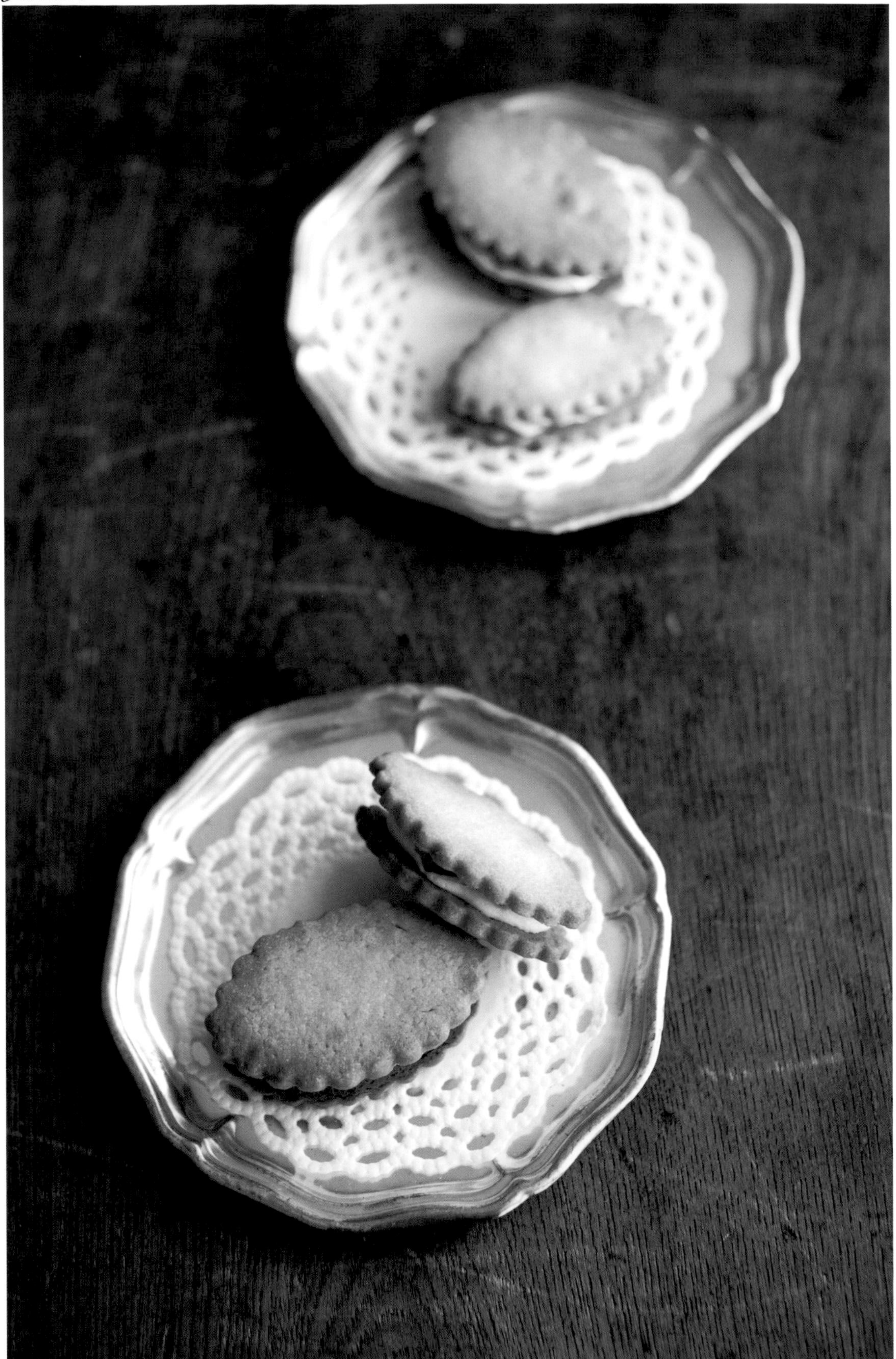

用酥鬆塔皮烘烤

法式檸檬夾心餅乾
Biscuits Sandwichs á la crème au citron

我想將最喜愛的葡萄乾奶油夾心餅變化成甜點教室的原創點心，這道食譜就在無數次的嘗試與失敗中誕生。製作夾餡的重點在於混合奶油餡和檸檬汁時，必須將檸檬汁一點一點地加入，如此才能避免油水分離，並呈現出輕盈柔軟的口感。

▶ 材料〔6×3.5cm的橢圓形餅乾模15組〕

［餅乾麵團］

低筋麵粉 — 150g

泡打粉 — ½小匙

糖粉 — 75g

鹽 — 1小撮

奶油 — 75g

蛋黃 — 2顆份

［檸檬奶油餡］

奶油 — 60g

蛋白 — 20g

糖粉 — 20g

檸檬汁 — 1小匙

檸檬皮屑 — ¼顆份

［配料］

糖漬檸檬皮 — 適量

▶ 事前準備

• 將餅乾麵團用的奶油切成1.5～2cm的小丁，放入冰箱冷藏。

• 將餅乾麵團用的蛋黃均勻打散，放入冰箱冷藏。

• 將檸檬奶油餡用的奶油置於室溫軟化。

▶ 作法

◎製作餅乾麵團

1　將粉類、鹽和奶油放入調理盆，用刮板邊混拌邊將奶油切碎。

2　用雙手指尖將奶油裹粉，並快速搓揉混合。

3　在2之中加入蛋黃，以刮板確實混拌，拌勻後，用刮板將麵團用力抹在調理盆緣好幾次，使材料徹底融合。

4　用手將3的麵團整圓，以保鮮膜包覆後，置於冰箱冷藏鬆弛1小時以上。

5　將4的麵團放入L尺寸（27.3×26.8cm）的夾鏈保鮮袋中，用擀麵棍擀平後冷凍保存。

◎製作檸檬奶油餡

6　將奶油放入調理盆中，以打蛋器打成乳霜狀。

7　將蛋白放入另一個調理盆中。中途分3次加入糖粉，以手持式電動攪拌器打發成尖角挺立的結實蛋白霜。

8　將7分數次放入6之中，每次加入後都要以打蛋器充分拌勻 [a]

9　在8之中一點一點地加入檸檬汁，接著加入檸檬皮屑混合均勻。

◎完成

10　用剪刀將5的保鮮袋兩側剪開，取出麵皮。

11　以餅乾模壓取出30塊薄片。放入預熱至170℃的烤箱烘烤10～12分鐘。若沒有烤出焦色，就視情況多烤幾分鐘。烤好後放涼。

12　將11分成2片一組，其中一片單面擠上檸檬奶油餡 [b]，放上糖漬檸檬皮後，蓋上另一片。

a

b

Chapitre 3
硬脆口感的
塔

在三種塔皮麵團之中水分最多，而奶油和水互不相
容，因此產生硬脆的口感。只要不在麵團中加入砂
糖，放入蛋糊和配料加以烘烤，立刻就能完成一道熱
騰騰的鹹塔當做主餐。本篇同時也會教大家如何製
作鹹餅乾，以及口感像派一樣層次分明的餅乾。

奶酥蘋果塔（作法P.80）

基本的硬脆塔皮

奶酥蘋果塔
Tarte aux pommes

週末的巴黎最令人期待的就是跳蚤市場，而回程路上來一份附近麵包店販賣的蘋果塔則是無上享受。上方撒奶酥是我個人的點子，硬脆塔皮搭配焦糖蘋果餡，充滿了「這就是巴黎！」的味道。

▶ 材料〔直徑18cm的塔模1個份〕

〔塔皮〕

低筋麵粉 ── 100g

細砂糖 ── 3g

鹽 ── 1小撮

奶油 ── 50g

蛋 ── 15g

冷水 ── 15g

〔奶酥〕

低筋麵粉 ── 25g

杏仁粉 ── 25g

細砂糖 ── 25g

奶油 ── 25g

〔焦糖蘋果餡〕

蘋果 ── 2～3顆

（去皮去核後約350g）

※適合使用紅玉蘋果等較酸的品種

細砂糖 ── 30g

奶油 ── 15g

▶ 事前準備

• 將塔皮用和奶酥用的奶油切成1.5～2cm的小丁，放入冰箱冷藏。

• 將蛋均勻打散，放入冰箱冷藏。

▶ 作法

◎製作塔皮

將低筋麵粉、細砂糖、鹽、奶油放入調理盆中，用刮板邊混拌邊將奶油切碎。

用雙手指尖將奶油裹粉，並快速搓揉混合成起司粉般的狀態。

在②之中加入蛋液和冷水，用刮板確實混拌。

用手將③的麵團整圓，以保鮮膜包覆後，置於冰箱冷藏鬆弛1小時以上。

將❹的麵團放在料理台上,以保鮮膜上下包夾。先用擀麵棍輕敲麵團,並注意不讓麵團碎裂。接著將麵團旋轉90°,繼續輕敲麵團。重複2～3次。

把麵團稍微擀開後,一邊90°轉動麵團,一邊用擀麵棍擀成圓形,並不時掀開麵團上方的保鮮膜。

擀成比塔模約大2cm的圓形後,先確認上方的保鮮膜沒有沾黏,將塔皮翻面,拿掉上面的保鮮膜,以擀麵棍提起塔皮的一端,再拿掉底面的保鮮膜,接著把塔皮鋪在塔模正中央。

point 製作硬脆塔皮的時候,如果把切落的部份貼回塔皮中,該部分會形成層次,因此製作時不使用切落的塔皮。為此,必須擀成比其他種類的塔皮還要小的圓形,以減少溢出塔模的部分。

按壓塔皮,使其貼合底部的彎凹之處,並沿著側面立起來。重複一圈後,再將塔皮貼緊塔模。

用刀子切除塔模邊緣多餘的塔皮,以叉子在底部均勻地戳出孔洞。

將保鮮膜鋪在❾上,以手指輕壓彎凹處,使保鮮膜貼合整個塔皮,放入夾鏈保鮮袋後冷凍保存。

point 就算要直接烘烤,也得先將塔皮放進冷凍室鬆弛。冷凍塔皮可保存約1個月。

接下一頁→

基本的硬脆塔皮

奶酥蘋果塔

Tarte aux pommes

◎盲烤

從冷凍室中拿出塔皮,取下保鮮膜。覆上依塔模大小裁切的烘焙紙後,鋪滿重石(參照P14)。

將⑪放入預熱至180℃的烤箱烘烤15分鐘,取出烘焙紙和重石。

point 請戴隔熱手套進行,並小心不要燙傷。

◎製作奶酥

將製作奶酥所需的材料全部放入調理盆中,用刮板邊混拌邊將奶油切碎。

用雙手指尖將奶油裹粉並快速搓揉,搓到呈現鬆散的顆粒狀後,放入冰箱冷藏(也可冷凍保存)。

◎製作焦糖蘋果餡

將蘋果以放射狀切成8等分,去皮去核後切成一口大小。

在平底鍋中放入細砂糖,以中火加熱,出現焦色後放入奶油和蘋果。不時搖動平底鍋翻炒蘋果,完成後放涼。

◎完成

在塔皮內鋪滿焦糖蘋果餡。

在 17 上方撒奶酥，放入預熱至
180℃的烤箱烘烤30分鐘。

酸奶油桃子塔（作法P.86）

酥烤檸檬塔（作法P.87）

酸奶油桃子塔

Tarte aux et pêche á la crème aigre

只要桃子開始陳列販賣，水果賣場便會彌漫著醉人的香氣。其中日本白桃不但水嫩柔軟，而且甜度十足。我想把美味的桃子做成更誘人的甜點，因此在杏仁奶油餡中加入了大量酸奶油，呈現出奢華的風味。

▶ 材料〔直徑18㎝的塔模1個份〕

[塔皮]

低筋麵粉 — 100g

細砂糖 — 3g

鹽 — 1小撮

奶油 — 50g

蛋 — 15g

冷水 — 15g

[含酸奶油的杏仁奶油餡]

奶油 — 40g

細砂糖 — 40g

杏仁粉 — 40g

蛋 — 40g

酸奶油 — 90g

[配料]

桃子 — 2顆

▶ 事前準備

• 將塔皮用的奶油切成1.5～2㎝的小丁，放入冰箱冷藏。

• 將塔皮用的蛋均勻打散，放入冰箱冷藏。

• 將杏仁奶油餡用的奶油置於室溫軟化。

• 將杏仁奶油餡用的蛋置於室溫回溫並均勻打散。

▶ 作法

◎製作塔皮

1　參照基本的硬脆塔皮（P80～81）❶～❿製作塔皮，並冷凍保存。

◎製作含酸奶油的杏仁奶油餡

2　將奶油放入調理盆中，以打蛋器打成乳霜狀。

3　在2之中加入細砂糖攪拌，接著依序加入杏仁粉、蛋液、酸奶油，攪拌均勻。

◎完成

4　在事先冷凍起來的塔皮中抹含酸奶油的杏仁奶油餡。

5　放入預熱至180℃的烤箱烘烤35～40分鐘

6　待5冷卻後，放上切成8等分的桃子做裝飾。

酥烤檸檬塔
Tarte au citron cuite

有沒有可能隨身帶著最喜歡的檸檬點心呢？正當我如此盤算的時候，發現了「Bonne Maman」的小巧檸檬塔。我認為只要將塔皮和檸檬醬一起烘烤就能做得出來，果然一試就非常成功！看來這將會成為甜點教室的新面孔。

▶ 材料〔直徑7㎝的塔模10個份〕

〔塔皮〕

低筋麵粉 ― 100g

細砂糖 ― 3g

鹽 ― 1小撮

奶油 ― 50g

蛋 ― 15g

冷水 ― 15g

〔檸檬醬〕

蛋 ― 2顆

細砂糖 ― 120g

檸檬汁 ― 2大匙

檸檬皮屑 ― ½顆份

〔配料〕

檸檬 ― ½顆份

▶ 事前準備

• 將塔皮用的奶油切成1.5～2㎝的小丁，放入冰箱冷藏。

• 將塔皮用的蛋均勻打散，放入冰箱冷藏。

• 將檸檬醬用的蛋置於室溫回溫並均勻打散。

• 將檸檬切成薄片，並用廚房剪刀去皮。

▶ 作法

◎製作塔皮

1　參照基本的硬脆塔皮（P80）❶～❹製作塔皮。

2　將1的麵團分成10等分，用手整圓。

3　以保鮮膜上下包夾2的麵團，用擀麵棍擀成比塔模稍微大一點的圓形。

4　取下3的保鮮膜，將塔皮鋪在塔模正中央，並順著塔模按壓貼合。共做出10個。

5　將4放入夾鏈保鮮袋後冷凍保存。

6　從冷凍室中拿出塔皮，取下保鮮膜。覆上依塔模大小裁切的烘焙紙後，鋪滿重石（參照P82）。

7　將6放入預熱至180℃的烤箱烘烤15分鐘，取出烘焙紙和重石（盲烤）。

◎製作檸檬醬

8　將檸檬醬的材料全部放入調理盆中，垂直拿著打蛋器，混合攪拌。

◎完成

9　將檸檬醬倒入盲烤後的塔皮中，放上檸檬薄片，放入預熱至180℃的烤箱烘烤20分鐘。

法式蛋塔
Flan

法式蛋塔可說是法國點心的代表，和甜點店相較之下，比較容易在麵包店找到。蛋糕的作法跟卡士達醬一樣，差別只在於沒有使用香草莢，且使用全蛋而非蛋黃，非常像是麵包店會製作的點心。

▶ 材料〔直徑18 cm 的塔模1個份〕

［塔皮］

低筋麵粉 — 100g

細砂糖 — 3g

鹽 — 1小撮

奶油 — 50g

蛋 — 15g

冷水 — 15g

［蛋糊］

牛奶 — 320g

細砂糖 — 40g

蛋 — 1顆

高筋麵粉 — 20g

▶ 事前準備

• 將塔皮用的奶油切成1.5～2cm的小丁，放入冰箱冷藏。

• 將塔皮用的蛋均勻打散，放入冰箱冷藏。

• 將蛋糊用的蛋置於室溫回溫並均勻打散。

▶ 作法

◎製作塔皮

1　參照基本的硬脆塔皮（P80～81）❶～❿製作塔皮，並冷凍保存。

◎製作蛋糊

2　在鍋中放入牛奶、⅓量的細砂糖，加熱至沸騰後離火。

3　將蛋和剩餘的細砂糖放入調理盆中，以打蛋器攪拌，再加入高筋麵粉拌勻。

4　將2邊攪拌邊倒入3之中，再以濾網過濾倒回2的鍋子[a]。

5　一邊以打蛋器攪拌4，一邊以中火加熱。若出現大塊凝結物，可先暫時離火用橡皮刮刀從鍋底刮拌均勻，再以中火加熱並不停攪拌。煮到表面冒泡後，再持續攪拌2～3分鐘[b]。

◎完成

6　將蛋糊倒入事先冷凍起來的塔皮中，放入冰箱冷藏1～2小時。放入預熱至170℃的烤箱烘烤40分鐘，把溫度降低至160℃，繼續烘烤20分鐘。

a

b

南瓜塔
Tarte à la citrouille

我一直想替滋味濃厚的香甜南瓜再增添一些別致的風味,試著加入陽台種的迷迭香後,發現這就是正確答案!「真的要放這麼多南瓜嗎?」抱著這樣的想法製作了餡料後,藉由最後的蒸烤步驟,做出了有如南瓜布丁的甜塔。

▶ 材料〔直徑18㎝的塔模1個份〕

[塔皮]

低筋麵粉 — 100g

細砂糖 — 3g

鹽 — 1小撮

奶油 — 50g

蛋 — 15g

冷水 — 15g

[南瓜餡]

南瓜(去皮去籽的南瓜肉) — 300g

迷迭香 — 1根

奶油 — 15g

細砂糖 — 60g

蛋 — 1顆

鮮奶油 — 40g

▶ 事前準備

• 將塔皮用的奶油切成1.5～2㎝的小丁,放入冰箱冷藏。

• 將塔皮用的蛋均勻打散,放入冰箱冷藏。

• 將南瓜餡用的蛋置於室溫回溫並均勻打散。

▶ 作法

◎製作塔皮

1　參照基本的硬脆塔皮(P80～81)❶～❿製作塔皮,並冷凍保存。

◎製作南瓜餡

2　南瓜切成一口大小,和迷迭香一起放入耐熱容器中,以微波爐加熱約5分鐘使其軟化(或用蒸的)。

3　取出迷迭香,將南瓜放入調理盆中,用木匙壓碎。趁熱加入奶油並以打蛋器拌溶,再加入細砂糖充分混合。

point 如果想做成口感更加滑順的南瓜塔,可在此時將南瓜過篩,或用食物調理機攪拌。

4　在3之中加入蛋液和鮮奶油攪拌均勻。

◎完成

5　將南瓜餡放入事先冷凍起來的塔皮中,放入預熱至180℃的烤箱烘烤40分鐘。接著用鋁箔紙完整覆蓋,把溫度降低至160℃,繼續烘烤20分鐘。

米爾利頓塔
Mirlitons

米爾利頓塔是誕生於諾曼第地區的盧昂與亞眠的傳統甜點。兩地的作法都是加入水果和醬料，並在表層滿滿地撒上兩次糖粉後，放入烤箱烘烤，最後完成的就是有著清脆口感的小巧甜塔。

▶ 材料〔直徑7㎝的塔模10個份〕

［塔皮］

低筋麵粉 — 100g

細砂糖 — 3g

鹽 — 1小撮

奶油 — 50g

蛋 — 15g

冷水 — 15g

［米爾利頓蛋糕］

蛋 — 80g

A ┌ 杏仁粉 — 60g
  └ 糖粉 — 60g

奶油 — 40g

［餡料］

蘭姆酒漬水果

　（杏桃乾或橙皮等）

　 — 200g

※蘭姆酒漬的水果可依喜好決定。
若使用水果乾，先切碎再酒漬會比較容易入味。

▶ 事前準備

• 將塔皮用的奶油切成1.5～2㎝的小丁，放入冰箱冷藏。

• 將塔皮用的蛋均勻打散，放入冰箱冷藏。

▶ 作法

◎製作塔皮

1　參照基本的硬脆塔皮（P80）❶～❹製作塔皮。

2　將1的麵團分成10等分，用手整圓。

3　以保鮮膜上下包夾2的麵團，用擀麵棍擀成比塔模稍微大一點的圓形。

4　取下3的保鮮膜，將塔皮鋪在塔模正中央，並順著塔模按壓貼合。共做出10個。

5　將4放入夾鏈保鮮袋後冷凍保存。

◎製作米爾利頓蛋糕

6　將蛋放入調理盆中，以打蛋器輕輕打散，加入混合過篩的A攪拌均勻。

7　將融化的奶油倒入6之中拌勻。

◎完成

8　將蘭姆酒漬水果鋪在事先冷凍起來的塔皮中，在上方倒入米爾利頓蛋糕[a]。

9　在8的上面撒適量糖粉（分量外），溶化後再撒一次。放入預熱至170℃的烤箱烘烤35～40分鐘。

point　藉由撒兩次糖粉，可以讓表面產生米爾利頓風格的裂痕。

洋李塔（作法P.96）

反烤蘋果塔（作法P.97）

桃李塔
Tarte aux prunes

說到夏季，最令人期待的就是輪番登場的桃李類水果。油桃、Soldum、Summer Angel……不論什麼品種，都只要用塔皮包起來送入烤箱即可。這道食譜不使用塔模，而是以塔皮豪邁地包覆餡料後直接烤來吃。

▶ 材料〔直徑約18cm的成品1個〕

〔塔皮〕

A｜低筋麵粉 ── 75g
　｜高筋麵粉 ── 25g
　｜奶油 ── 75g
　｜鹽 ── 1小撮
　｜細砂糖 ── 1g

冷水 ── 40g

〔桃李餡〕

桃、李（自己喜愛的品種）
　　── 4顆（約400g）

細砂糖 ── 100g

玉米粉 ── 40g

▶ 事前準備

• 將奶油切成1.5～2cm的小丁，放入冰箱冷藏。

▶ 作法

◎製作塔皮

1　將A放入調理盆中，用刮板邊混拌邊將奶油切碎。

2　用雙手指尖將奶油裹粉，並快速搓揉混合成起司粉般的狀態。

3　在2之中加入冷水，以刮板混拌後用手整圓，包覆保鮮膜置於冰箱冷藏鬆弛3小時以上。

4　將3的麵團放在料理台上，用保鮮膜上下包夾。先用擀麵棍輕敲麵團2～3次，並注意不讓麵團碎裂。接著把麵團擀成長寬比為3比1的長方形，並不時掀開麵團上方的保鮮膜。

5　將4從接近身體這側和另一側分別往中間摺成3等分。

6　將麵團轉90°，再次擀成長寬比為3比1的長方形並摺成3等分，放入冰箱冷藏鬆弛1小時以上。

7　重複5和6的動作，接著包覆保鮮膜，放入冰箱冷藏鬆弛1小時以上。

point　重覆摺成3等分的動作，會讓麵團產生層次，增加硬脆口感。

8　用擀麵棍將7的麵團擀成約3mm厚的圓形。用保鮮膜整體包覆起來，放入夾鏈保鮮袋冷凍保存。

◎製作桃李餡

9　將桃李類連皮對切去籽。

10　放入調理盆中，撒上細砂糖，再撒滿玉米粉。

◎完成

11　將事先冷凍起來的塔皮放在鋪好烘焙紙的烤盤上，在塔皮中間鋪滿桃李餡，有如要把它們包起來般，將塔皮邊緣往內折[a]。

12　放入預熱至200℃的烤箱烘烤40～45分鐘。

反烤蘋果塔
Tarte Tatin

從Tatin姊妹的失敗中誕生的知名蘋果塔。直到現在，這個蘋果塔仍持續在Hotel Tatin製作販賣，而我始終記得自己當時轉乘電車跑去品嚐後的感動。此外，雙手捧著好大好大一塊反烤蘋果塔回到巴黎的事，也是美好的回憶。

▶ 材料〔20.8×14.5×4.4㎝的方盆1個份〕

［塔皮］

低筋麵粉 — 100g

細砂糖 — 3g

鹽 — 1小撮

奶油 — 50g

蛋 — 15g

冷水 — 15g

［焦糖蘋果餡］

蘋果 — 4～5顆

（去皮去核後約600g）

細砂糖 — 50g

奶油 — 25g

▶ 事前準備

• 將塔皮用的奶油切成1.5～2㎝的小丁，放入冰箱冷藏。

• 將蛋均勻打散，放入冰箱冷藏。

▶ 作法

◎製作塔皮

1　參照基本的硬脆塔皮（P80）❶～❹製作塔皮。

2　將1的麵團放在料理台上，用保鮮膜上下包夾。先用擀麵棍輕敲麵團2～3次，並注意不讓麵團碎裂。接著把麵團擀成比方盆大一圈的長方形，不時掀開麵團上方的保鮮膜。

3　用保鮮膜整體包覆後，放入夾鏈保鮮袋冷凍保存2小時以上。

◎製作焦糖蘋果餡

4　蘋果縱切成4等分（大顆蘋果則切成6等分），去皮去核。

5　將細砂糖放入平底鍋中，以中火加熱。當細砂糖融解且鍋緣出現焦色時離火，加入奶油使其融化，接著加入4的蘋果沾裹焦糖醬（焦糖化）。

◎完成

6　在方盆內塗上大量奶油（分量外），然後整體撒滿適量的細砂糖（分量外）。

7　將焦糖蘋果餡滿滿地鋪在6的方盆中，放入預熱至200℃的烤箱烘烤30分鐘。

8　從烤箱中取出7，稍微冷卻後蓋上鋁箔紙，從上方施力，把蘋果餡壓平[a]。

9　在8的上面覆蓋事先冷凍起來的塔皮，將邊緣往方盆內摺[b]。用叉子在塔皮表面均勻地戳出孔洞，再放入預熱至180℃的烤箱烘烤20分鐘。

a

b

萊姆葡萄起司塔
Tarte au fromage aux rhum-raisins

我有時候會突然很想吃一種德國點心「德式烤起司蛋糕（Käsekuchen）」。德文的Käse代表起司，Kuchen則是烘焙點心之意。口感厚實的烤起司絕對適合搭配蘭姆葡萄乾！試著製作後，味道果然如我想像的一樣棒！

▶ 材料〔直徑18cm的塔模1個份〕

［塔皮］

低筋麵粉 — 100g

細砂糖 — 3g

鹽 — 1小撮

奶油 — 50g

蛋 — 15g

冷水 — 15g

［奶油起司餡］

奶油起司 — 200g

細砂糖 — 30g

蛋黃 — 2顆份

優格 — 75g

蛋白 — 2顆份

細砂糖 — 10g

蘭姆葡萄乾 — 100g

▶ 事前準備

• 將塔皮用的奶油切成1.5～2cm的小丁，放入冰箱冷藏。

• 將塔皮用的蛋均勻打散，放入冰箱冷藏。

• 將奶油起司餡用的蛋置於室溫回溫，蛋白和蛋黃分開。

▶ 作法

◎製作塔皮

1　參照基本的硬脆塔皮（P80～81）❶～❿製作塔皮，並冷凍保存。

◎製作奶油起司餡

2　將奶油起司放入調理盆中，以木匙攪拌至柔軟滑順。

3　在2之中依序加入細砂糖（30g）、蛋黃、優格，以打蛋器攪拌均勻。

4　將蛋白放入另一個調理盆中，以手持式電動攪拌器打發，中途加入細砂糖（10g），打發成柔軟的蛋白霜（溼性發泡）。

point 尖角挺立的結實蛋白霜很難和奶油起司融合，因此打到溼性發泡即可。

5　將4加入3之中，以橡皮刮刀從底部往上翻拌均勻，接著加入蘭姆葡萄乾。

◎完成

6　將奶油起司餡倒入事先冷凍起來的塔皮中。

7　放入預熱至180℃的烤箱烘烤35～40分鐘。

法式鹹塔
Quiche Lorraine

被稱為Tarte salee的鹹塔，是在法國的熟食店、麵包店、市集等，隨處都可購得的家常菜。其中洛林地區的地方料理——加入培根和格魯耶爾起司的洛林鹹塔是經典中的經典。

▶ 材料〔直徑18cm的塔模1個份〕

［塔皮］

低筋麵粉 — 100g

鹽 — 1小撮

奶油 — 50g

蛋 — 25g

冷水 — 10g

［蛋糕］

蛋 — 2顆

鮮奶油 — 120g

鹽、胡椒 — 各適量

［配料］

培根 — 100g

格魯耶爾起司或
　艾曼塔起司 — 50g

▶ 事前準備

• 將奶油切成1.5～2cm的小丁，放入冰箱冷藏。

• 將塔皮用的蛋均勻打散，放入冰箱冷藏。

• 將培根切成5mm寬。

• 將起司切成2cm長、5mm粗。

▶ 作法

◎製作塔皮

1　參照基本的硬脆塔皮（P80～81）❶～❿製作塔皮，並冷凍保存。

2　從冷凍室中拿出塔皮，取下保鮮膜。覆上依塔模大小裁切的烘焙紙後，鋪滿重石（參照P82）。

3　將2放入預熱至180℃的烤箱烘烤15分鐘，取出烘焙紙和重石（盲烤）。

◎製作蛋糊

4　將蛋放入調理盆中，用叉子等工具打散。加入鮮奶油攪拌，撒上鹽和胡椒。

◎完成

5　將培根和起司鋪在冷卻後的塔皮中[a]。

6　從上方倒入蛋糊，放入預熱至180℃的烤箱烘烤30分鐘。

a

鮭魚酪梨塔

Quiche a l'avocat et au saumon

我非常喜歡鮭魚和酪梨的組合，所以試著把它們做成了鹹塔。在上方放酸奶油後直接烘烤的方式深得我心。美味的祕訣是——將鮭魚封在蛋糊裡烘烤，避免讓它乾掉。

▶ 材料〔直徑18cm的塔模1個份〕

[塔皮]

低筋麵粉 ─ 100g

鹽 ─ 1小撮

奶油 ─ 50g

蛋 ─ 25g

冷水 ─ 10g

[蛋糊]

蛋 ─ 2顆

鮮奶油 ─ 120g

鹽、胡椒 ─ 各適量

[配料]

酪梨 ─ 適量

煙燻鮭魚 ─ 適量

酸奶油 ─ 適量

茴香 ─ 少許

▶ 事前準備

• 將奶油切成1.5～2cm的小丁，放入冰箱冷藏。

• 將塔皮用的蛋均勻打散，放入冰箱冷藏。

• 從酪梨側面入刀劃一圈切開，取出果核去皮後，切成喜愛的厚度。

▶ 作法

◎製作塔皮

1　參照基本的硬脆塔皮（P80～81）❶～❿製作塔皮，並冷凍保存。

2　從冷凍室中拿出塔皮，取下保鮮膜。覆上依塔模大小裁切的烘焙紙後，鋪滿重石（參照P82）。

3　將2放入預熱至180℃的烤箱烘烤15分鐘，取出烘焙紙和重石（盲烤）。

◎製作蛋糊

4　將蛋放入調理盆中，用叉子等工具打散。加入鮮奶油攪拌，撒上鹽和胡椒。

◎完成

5　將酪梨和煙燻鮭魚鋪在冷卻後的塔皮中，正中央放酸奶油，撒一點茴香 [a]。

6　從上方倒入蛋糊，放入預熱至180℃的烤箱烘烤30分鐘。

a

普羅旺斯鹹塔（作法P.106）

綠色蔬菜塔（作法P.107）

普羅旺斯鹹塔
Quiche provensale

我一邊回想南法市集中井然陳列的鮮紅番茄和新鮮香草，一邊試著烘烤充滿普羅旺斯風味的鹹塔，感覺放入鯷魚或鮪魚片也很不錯。烤好的成品，非常適合在天氣晴朗時帶著出門野餐。

▶ 材料〔20.8×14.5×4.4 cm 的方盆1個份〕
［塔皮］
低筋麵粉 — 100g
鹽 — 1小撮
奶油 — 50g
蛋 — 25g
冷水 — 10g
［蛋糊］
蛋 — 2顆
鮮奶油 — 120g
鹽、胡椒 — 各適量
［配料］
彩椒 — 適量
小番茄 — 適量
黑橄欖（去籽、切片）— 適量
迷迭香 — 1根
格魯耶爾起司 — 適量

▶ 事前準備
• 將奶油切成1.5～2 cm的小丁，放入冰箱冷藏。
• 將塔皮用的蛋均勻打散，放入冰箱冷藏。
• 彩椒縱向切開去籽，炙烤到略焦後去皮，縱切成2～3等分。
• 小番茄對半切。
• 格魯耶爾起司切成5 mm的小丁。
• 在方盆內側塗上薄薄的奶油，底面鋪上烘焙紙。

▶ 作法
◎製作塔皮
1　參照基本的硬脆塔皮（P80～81）❶～❿製作塔皮，並冷凍保存。不過，在步驟❻、❼中，麵團必須擀成比方盆大一圈的長方形。
2　從冷凍室中拿出塔皮，取下保鮮膜。覆上依方盆大小裁切的烘焙紙後，鋪滿重石（參照P82）。
3　將2放入預熱至180℃的烤箱烘烤15分鐘，取出烘焙紙和重石（盲烤）。
◎製作蛋糊
4　將蛋放入調理盆中，用叉子等工具打散。加入鮮奶油攪拌，撒上鹽和胡椒。
◎完成
5　將配料鋪在冷卻後的塔皮中[a]，從上方倒入蛋糊，放入預熱至180℃的烤箱烘烤30分鐘。

a

綠色蔬菜塔
Quiche de légumes verts

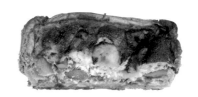

巴黎的盧森堡公園附近有一間知
名的鹹塔＆甜塔專賣店，我常常
在那裡享用附了大量沙拉的蔬菜
塔。這是我很喜愛的一道餐點，細
細翻炒過的洋蔥散發著溫和的滋
味，令人放鬆，就算送上來一大
塊，也能一口氣輕鬆吃光。

▶ 材料〔20.8×14.5×4.4 ㎝的方盆1個份〕

〔塔皮〕

低筋麵粉 — 100g

鹽 — 1小撮

奶油 — 50g

蛋 — 25g

冷水 — 10g

〔蛋糊〕

蛋 — 2顆

鮮奶油 — 120g

鹽、胡椒 — 各適量

〔配料〕

炒洋蔥 — 適量

綠蘆筍 — 適量

豌豆 — 適量

茅屋起司 — 適量

義大利香芹 — 少許

▶ 事前準備

• 將奶油切成1.5～2㎝的小丁，放入冰箱冷藏。

• 將塔皮用的蛋均勻打散，放入冰箱冷藏。

• 用削皮刀削除綠蘆筍的硬皮，切成3等分。

• 豌豆對半切。

• 在方盆內側塗上薄薄的奶油，底面鋪上烘焙紙。

▶ 作法

◎製作塔皮

1　參照基本的硬脆塔皮（P80～81）❶～❿製作塔皮，並冷凍保存。
不過，在步驟❻、❼中，麵團必須擀成比方盆大一圈的長方形。

2　從冷凍室中拿出塔皮，取下保鮮膜。覆上依方盆大小裁切的烘焙
紙後，鋪滿重石（參照P82）。

3　將2放入預熱至180℃的烤箱烘烤15分鐘，取出烘焙紙和重石
（盲烤）。

◎製作蛋糊

4　將蛋放入調理盆中，用叉子等工具打散。加入鮮奶油攪拌，撒上
鹽和胡椒。

◎完成

5　將配料鋪在冷卻後的塔皮中[a]，從上方倒入蛋糊，放入預熱至
180℃的烤箱烘烤30分鐘。

a

用硬脆塔皮烘烤

帕馬森起司芝麻棒
Crackers au parmesan et au sisame

法國人有搭配小點心享用「餐前酒」的習慣。我曾在席間嚐到某一位法國女士做的小鹹餅（Petits fours salés），其美味程度令人驚嘆不已，向她請教後，獲得的就是這份食譜。美味的祕訣是——加入和麵粉等量的帕馬森起司粉混合拌勻。

▶ 材料〔2×10㎝的棒狀，約30根份〕

[餅乾麵團]

低筋麵粉 — 70g

奶油 — 70g

帕馬森起司粉 — 70g

蛋 — $\frac{1}{2}$顆

[配料]

蛋液 — 適量

芝麻 — 適量

▶ 事前準備

• 將奶油切成1.5～2㎝的小丁，放入冰箱冷藏。

• 將餅乾麵團用的蛋均勻打散，放入冰箱冷藏。

▶ 作法

◎製作餅乾麵團

1　將低筋麵粉、奶油放入調理盆中，用刮板邊混拌邊將奶油切碎。

2　用雙手指尖將奶油裹粉，並快速搓揉混合成起司粉般的狀態。

3　加入帕馬森起司，用刮板從底部往上翻拌混合。

4　在3之中加入蛋液，用刮板以切拌的方式混合。用手將麵團整圓，以保鮮膜包覆後，置於冰箱冷藏鬆弛1小時以上。

5　將4的麵團用保鮮膜上下包夾，以擀麵棍擀平後冷凍保存。

point　烤好之後才分切，因此請擀成可放入烤盤的大小。

◎完成

6　在事先冷凍起來的麵皮表面塗上薄薄的蛋液並撒上芝麻，放入預熱至150℃的烤箱烘烤30分鐘。冷卻後切成自己喜愛的大小。

用硬脆塔皮烘烤

肉桂糖酥餅
Biscuits à la cannelle et au sucre

當充滿肉桂香氣的心形酥皮點心「蝴蝶酥」出現在綜合餅乾罐裡時，我總是第一個把它吃光。因為實在太喜歡了，所以試著將它變化成作法簡易的小點心。在麵團上撒細砂糖和肉桂粉時，要撒到自己不禁擔心會不會過量的程度。

▶ 材料〔約30片份〕

〔餅乾麵團〕

A ｜ 低筋麵粉 — 150g
｜ 高筋麵粉 — 50g
｜ 肉桂粉 — ¼ 小匙
｜ 細砂糖 — ½ 小匙
｜ 鹽 — ¼ 小匙
｜ 奶油 — 150g

冷水 — 80g

細砂糖 — 適量
肉桂粉 — 適量

▶ 事前準備

• 將奶油切成1.5～2cm的小丁，放入冰箱冷藏。

▶ 作法

◎製作餅乾麵團

1　參照桃李塔（P96）❶～❼製作麵團。

2　用擀麵棍將1的麵團擀成約3mm厚，在麵皮上撒滿細砂糖和肉桂粉，並從邊緣開始捲起[a]

3　用保鮮膜包裹2後，冷凍保存。

◎完成

4　用手指沾水（分量外），薄薄地塗在事先冷凍好的3表面，接著放入鋪滿細砂糖（分量外）的方盆中滾動，讓表面沾附細砂糖。

5　將4切成約8mm厚的薄片，放入預熱至200℃的烤箱烘烤12～15分鐘。

西山朗子
Akiko Nishiyama

甜點研究家。經營「Le Petit Citron甜點教室」。師從料理、甜點研究家藤野真紀子女士之後，遠赴巴黎的學校「Bellouet Conseil」學習道地的法式甜點，並在「Pierre Hermé」實習。西元2000年起在東京・二子玉川開設甜點教室。以「簡單的小點心帶來簡單的小確幸」為概念，汲取法國當地的甜點精神，用簡單又美味的食譜打造出大受歡迎的烘焙教室。著有《省時不失敗の聰明烘焙法：冷凍麵團作點心》（良品文化 ）、《塔派、馬芬、餅乾輕鬆做！一個缽盆就能完成美味小點心！》（台灣東販）等書。

照片／砂原 文
造型／曲田有子
設計／塙 美奈（ME＆MIRACO）
採訪・文字／小宮千壽子
校對／西進社、鷗來堂
道具協助／富士琺瑯股份有限公司（塔模）

KIJI WO REITO SHITEOKERU TART KIJI WO HOZON DEKITE TABETAI TOKINI YAKERU
KANTAN & OISHII 45 RECIPE by Akiko Nishiyama
Copyright© 2017 Akiko Nishiyama, Mynavi Publishing Corporation
All rights reserved.
Original Japanese edition published by Mynavi Publishing Corporation

This Traditional Chinese edition is published by arrangement with Mynavi Publishing Corporation,
Tokyo in care of Tuttle-Mori Agency, Inc, Tokyo.

用冷凍塔皮輕鬆做出45款甜鹹塔

2019年3月1日初版第一刷發行

作　　　者	西山朗子	
譯　　　者	古曉雯	
編　　　輯	陳映潔	
美 術 編 輯	賣元玉	
發 行 人	齋木祥行	
發 行 所	台灣東販股份有限公司	
	＜地址＞台北市南京東路4段130號2F-1	
	＜電話＞(02) 2577-8878	
	＜傳真＞(02) 2577-8896	
	＜網址＞http://www.tohan.com.tw	
郵撥帳號	1405049-4	
法律顧問	蕭雄淋律師	
總 經 銷	聯合發行股份有限公司	
	＜電話＞(02)2917-8022	

著作權所有，禁止翻印轉載。
購買本書者，如遇缺頁或裝訂錯誤，
請寄回更換（海外地區除外）。
Printed in Taiwan.

TOHAN

國家圖書館出版品預行編目資料

用冷凍塔皮輕鬆做出45款甜鹹塔/西山朗
子著；古曉雯譯. -- 初版. --臺北市：臺
灣東販，2019.03
112面；18.2×25.7公分
譯自：生地を冷凍しておけるタルト：
生地を保存できて食べたいときに焼け
るかんたん＆おいしい４５レシピ
ISBN 978-986-475-942-2 (平裝)

1.點心食譜

427.16　　　　　　　　　　108001467